故宫古建筑图说·景福宫

GUGONG GUJIANZHU TUSHUO · JINGFUGONG

天津大学建筑学院　故宫博物院古建部　编

赵鹏　何蓓洁　主编

天津大学出版社
TIANJIN UNIVERSITY PRESS

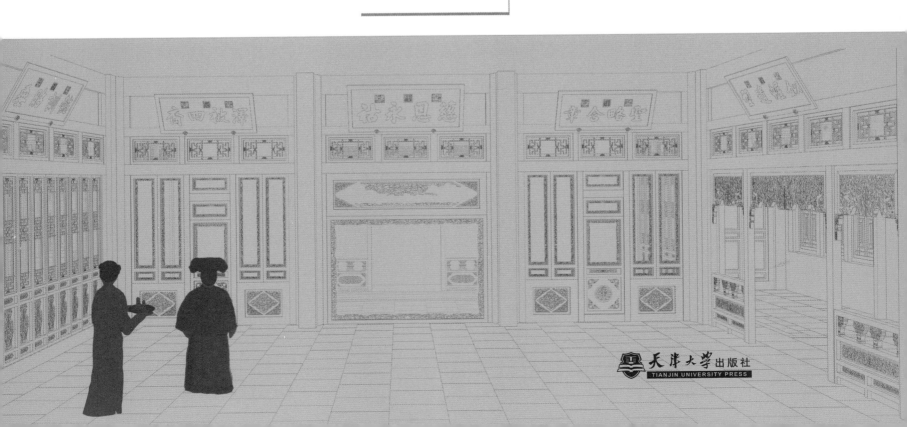

图书在版编目（CIP）数据

景福宫 ：天津大学社会科学文库 / 赵鹏，何蓓洁主编 . -- 天津 ：天津大学出版社，2022.11
（故宫古建筑图说）
ISBN 978-7-5618-7354-0

Ⅰ．①景⋯ Ⅱ．①赵⋯ ②何⋯ Ⅲ．①故宫－宫殿－古建筑－北京－图解 Ⅳ．①TU-092.2

中国版本图书馆CIP数据核字(2022)第231312号

特别鸣谢 故宫出版社

策划编辑 郭　颖
责任编辑 郭　颖
装帧设计 潘雨笛
　　　　　　逸　凡

出版发行 天津大学出版社
地　　址 天津市卫津路 92 号天津大学内（邮编：300072）
电　　话 022-27403647
网　　址 www.tjupress.com.cn
印　　刷 北京华联印刷有限公司
经　　销 全国各地新华书店
开　　本 710mm×1010mm 1/8
印　　张 29.5
字　　数 259 千
版　　次 2022 年 11 月第 1 版
印　　次 2022 年 11 月第 1 次
定　　价 178.00 元

编 委 会

前　言

　　故宫博物院与天津大学关于古建筑测绘方面的合作由来已久。1954年，卢绳先生和天津大学历史教研室的教师们带领学生开始对故宫乾隆花园、慈宁宫花园等开展测绘，并得到了单士元先生的大力支持。随后陆续出版的《清代内廷宫苑》《清代御苑撷英》均为当时测绘的成果。故宫博物院内部也高度重视测绘工作，1961年，成立仅仅三年的古建部开始制定古建筑制档规划；20世纪70—80年代结合修缮工程绘制了景仁宫、钟粹宫、箭亭、皇极殿等建筑的详细图纸；90年代测绘工作全面铺开，由古建部工作人员完成了故宫博物院绝大部分建筑的测绘制档工作。

　　进入21世纪，故宫古建筑整体维修工程拉开序幕，更详细更实用的矢量化图纸需求也随之而来。正如晋宏逵先生在读《北京城中轴线古建筑实测图集》札记中所述，"故宫博物院的数据库当中需要一套系统、完备、准确的古建筑实测图。古建筑研究所（现建筑遗产保护研究所）应该逐年安排技术力量，包括与大专院校的建筑史学科院系进行合作，常年开展故宫古建筑的实测工作，测量一处，研究一处，向社会发布一处。这是故宫博物院的基础工作，也是落实向联合国教科文组织的承诺"。在前辈学者的关心下，古建部陆续开始和诸多高校"再续前缘"。这本《故宫古建筑图说·景福宫》就是2015年故宫博物院古建部与天津大学建筑学院一个甲子后关于测绘方面紧密合作的成果之一。时至今日，我仍然清晰地记得8年前的那个夏天，一帮身着黑底上有景福宫图样T恤衫的稚嫩面孔，在何蓓洁等老师的带领下进入景福宫现场的样子。他们的挥汗如雨、精测细绘，是一代代中国古建人精神的延续。

　　本书冠以"故宫古建筑图说"作前缀，其目的是希望可以不断开展深入、细致的故宫古建筑测绘工作，"测量一处，研究一处，发布一处"，以便让更多关心故宫和中国建筑遗产保护事业的人看到它们。

赵鹏

2022年10月30日于故宫传心殿

目 录

研究篇

图版篇

附　录

故宫古建筑图说·景福宫

研究篇

第一章　景福宫调查报告

何蓓洁　荣幸[①]　肖芳芳[②]

一、历史沿革

①中国建筑设计研究院有限公司博士后/助理研究员，天津大学建筑历史与理论方向2015级博士研究生。
②浙江省古建筑设计研究院有限公司工程师，天津大学建筑历史与理论方向2014级硕士研究生。
③《大明会典》卷181。
④文献记载嘉靖四年"仁寿宫灾，玉德、安喜、景福诸殿俱烬"，据此推测景福殿应毗邻仁寿宫，火灾后嘉靖皇帝曾令重修，详见《明史》《明实录》。
⑤《明实录》。

明清两代，"景福宫"之名最早出现在永乐十五年（1417年）朱棣首营西宫时。"景福宫"是后寝六宫之一，位于奉天殿以北[③]。永乐十八年（1420年）朱棣又于元大内故址建紫禁城，在西路仁寿宫旁仍有殿宇以"景福"命名[④]，应为后寝诸宫之一。嘉靖四年（1525年）三月廿三日夜景福宫与仁寿宫一同被焚，并于灾后重建。至明末刘若愚撰《芜史小草》罗列宫殿额名，即有"景福宫"牌，但位置和形制缺载。明清易代后，"景福"作为殿名被沿用，但建筑屡有变迁。现存景福宫位于紫禁城东北角，是太上皇宫宁寿宫东路建筑之一，属紫禁城外东路（图1–1）。

1.明代紫禁城外东路北部营建历史

这一区域在明初时的营建情况不详，嘉靖十五年（1536年）始由嘉靖皇帝创一代典制，划定为太皇太后宫区，与外西路的皇太后宫区遥相呼应。事起前述嘉靖四年（1525年）仁寿宫被火焚毁[⑤]，在此居住的正是孝宗张皇后即嘉靖帝的伯母。其时，正值以地方藩王继统的嘉靖皇帝与文人官僚的大礼议之争刚刚结束，为尊崇生母，嘉靖帝欲借此时机规范东朝宫苑格局。因此，仁寿宫重建工程在嘉靖皇帝的主导下屡兴屡止，一直处于采木备料阶段。直至嘉靖十五年（1536年），最终确定以仁寿宫故址为基础并拆除宫后大善佛殿，兴建慈宁宫为皇太后宫，由其生母蒋太后居住；在东路清宁宫之后一半区域上兴建慈庆宫为太皇太后宫，由其伯母张太后居住，并在其北面兴建一号殿之仁寿宫、哕鸾宫、喈凤宫等，供

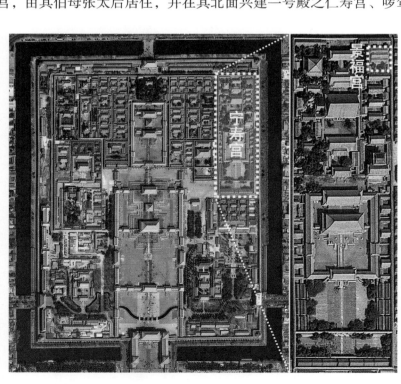

图1–1 景福宫在紫禁城中的位置

武宗妃嫔居住[1]。为此，嘉靖皇帝自述前朝并无有关皇太后和太皇太后宫的祖宗定制，宣德以后太后或居仁寿宫，或居清宁宫，但仁寿宫统隶于乾清宫，原是皇帝居住之地，而清宁宫本为太子宫殿，均于礼制不合。事实上，慈庆宫与慈宁宫的选址仍延续了前朝太后居住地的既成事实，但通过完善建筑组群布局进一步规范了紫禁城内的太后宫格局。

①《明世宗实录》卷186。
②《酌中志》。
③《明史》列传卷120。

张太后去世后，万历朝又出现嫡母与生母并立的局面。皇帝嫡母仁圣皇太后陈氏居慈庆宫，生母慈圣皇太后居慈宁宫。万历二十四年（1596年）七月陈氏卒后，慈庆宫又经修葺改为太子宫，由后来即位的光宗朱常洛居住。朱常洛短暂执政的泰昌年间，万历宠妃郑氏曾在慈庆宫居住，朱由校登基后又迁入仁寿宫[2]。天启初经"移宫案"争夺后，朱常洛宠妃李选侍以太妃身份移居哕鸾宫。至崇祯年间，慈庆宫由熹宗懿安皇后张氏居住，崇祯十五年（1642年）慈庆宫改名端本宫，由太子居住，张氏则迁居仁寿殿[3]。从上述各朝慈庆宫的使用情况看，慈庆宫主要由地位更尊贵的嫡母太后居住，当有太子成年时又转为太子宫，而太妃等则被安置在仁寿宫。由此，终明一代，紫禁城外东路北部作为奉养太后之地的基本建筑格局得以确定。明末刘若愚在《酌中志》中记载这一地区的格局：

"徽音门里亦曰麟趾门，内则慈庆宫。内有宫四，曰奉宸宫、勖勤宫、承华宫、昭俭宫。其园之门，曰韶舞门、丽园门。曰撷芳殿、荇香亭。麟趾门之东，曰关雎左门。其内则掌印、秉笔直房，所云'梨园'是也。西曰关雎右门。再西而转角向西者曰元辉殿。

宝善门内迤东，曰慈庆宫后门……街西再北，曰苍震门。又街东再北，并列二门向西者，曰履顺，曰蹈和，则一号殿仁寿宫之外层小门也。内有哕鸾宫，喈凤宫，凡先朝有名封之妃嫔、无名封之宫眷养老处也。"

其中履顺门、蹈和门沿用至清朝，门之东即今宁寿宫之地（图1-2）。

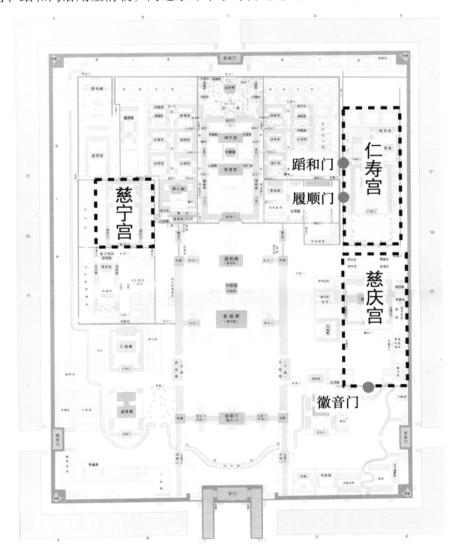

慈宁宫

蹈和门
履顺门
仁寿宫

慈庆宫

徽音门

图1-2 明晚期仁寿宫、慈庆宫、慈宁宫位置图，底图采自侯仁之《明天启七年紫禁城》图

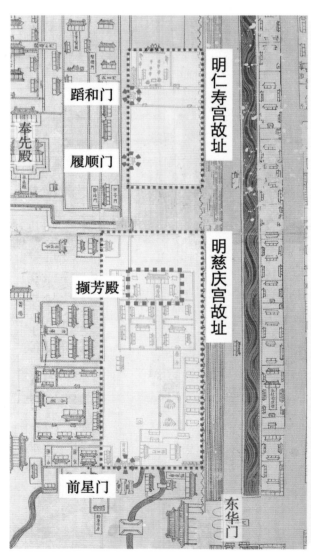

2.清代紫禁城宁寿宫之景福宫的营建史

清入主中原后，紫禁城外西路的慈宁宫依旧为皇太后居住，外东路从康熙初年《皇城宫殿衙署图》上看几无建筑存留，慈庆宫、一号殿之仁寿宫等均无存，仅见撷芳殿应为慈庆宫内存留建筑（图1-3）。在康熙继位后，宫内出现了三宫太后并立的局面，康熙尊祖母孝庄文皇后为太皇太后，仍居慈宁宫，尊嫡母博尔济吉特氏为仁宪皇太后（谥号孝惠章），居皇太后宫①，尊生母佟佳氏为慈和皇太后（谥号孝康章）。康熙二年（1663年）二月慈和皇太后病逝后，康熙对嫡母仁宪皇太后仍极为孝顺。康熙二十一年（1682年）为奉养仁宪皇太后（图1-4），特将慈宁宫西北的咸安宫改建为宁寿宫供其居住②（图1-5）。康熙二十六年（1687年）十二月孝庄文太皇太后崩逝，慈宁宫空出，但仁宪皇太后并未迁居于此③。而临时改建的宁寿宫相较慈宁宫规制简陋、空间局促，于是第二年（康熙二十七年，1688年）康熙便下旨"因皇太后所居宁寿旧宫历年已久"，择址紫禁城外东路"特建新宫"④。康熙二十八年（1689年）宁寿新宫落成，"比旧更加弘敞辉煌"⑤。新宁寿宫建成后，旧宁寿宫仍称咸安宫，康熙末年成为幽禁废太子之所⑥，雍正时在此处设立咸安宫官学⑦。宁寿宫落成的同年十二月初四仁宪皇太后正式迁居新宫，至康熙五十六年（1717年）十二月崩逝⑧，在此居住了28年。此后历经雍正朝、乾隆朝前期，宁寿宫一直奉养着康熙皇帝的妃嫔们⑨，建筑格局没有发生大的改变⑩。

《国朝宫史》卷十三记载了鼎新后的宁寿宫布局："宁寿宫正殿二重，前为宁寿门，列金狮二。门内东为凝祺门，西为昌泽门，再西为履顺门。门外即夹道直街也。宁寿宫之后为景福宫。前为景福门。门内正殿二重，前殿御笔匾曰'芳徽纯嘏'，东暖阁匾曰'彤闱鹤算'，西暖阁联曰'宝婺腾辉，锦云呈五色；璇庭绚彩，珠树发三花'。宫西有花园，门榜曰'衍祺门'。又西为蹈和门，门外即夹道直街

①起居注均称皇太后宫，唯康熙二十年七月二十二日载"皇太后回寿昌宫"，寿昌宫或为皇太后宫，但位置不详。
②《康熙会典》："（康熙）二十一年改建咸安宫为宁寿宫。"
③孝庄逝世后，康熙因思念祖母，诣宁寿宫向皇太后请安时，竟不忍经过慈宁宫而改道它行，这或许也是皇太后此后并未迁居慈宁宫的原因之一。见《圣祖仁皇帝实录》卷134，康熙二十七年三月廿七日条。
④《圣祖仁皇帝实录》卷143，康熙二十八年十一月初八。
⑤同④。
⑥《圣祖仁皇帝实录》卷234，康熙四十七年九月十八日。
⑦《世宗宪皇帝实录》卷75，雍正六年十一月初十。
⑧《圣祖仁皇帝实录》卷276，康熙五十六年十二月初六。
⑨《高宗纯皇帝实录》卷8，雍正十三年十二月初四。
⑩雍正年间曾在东、西配殿后各添建了木板房一座，事见内务府奏销档胶片54P0064-0102。

图1-3 康熙二十八年（1689年）兴建宁寿宫前紫禁城外东路情形（底图为《康熙皇城宫殿衙署图》局部），图上履顺门、蹈和门尚存，东侧为明代仁寿宫故址（左）

图1-4 孝惠章皇后朝服像，故宫博物院藏（右）

蹈和门

履顺门

奉先殿

撷芳殿

前星门

明仁寿宫故址

明慈庆宫故址

东华门

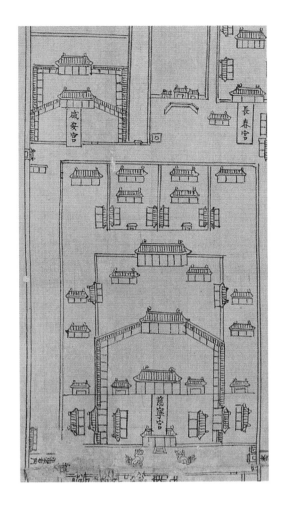

①鄂尔泰，张廷玉，等．国朝宫史[M]．北京：北京古籍出版社，1987：257．
②乾隆御制《景福宫五福颂有序》："宁寿宫后曰景福宫，我皇祖奉孝惠皇太后所居也。"

也。景福宫之后为兆祥所，今为皇子所居。西为花园，又西即神武门也。"①

与文献记载对应，乾隆十五年（1750年）《京城全图》反映了康熙兴建的宁寿宫格局（图1-6）。南为宁寿门，其北为七开间正殿宁寿宫，再北为五开间后殿一座。宫后东路为景福宫，前有景福门，内正殿两重，均为五开间单檐建筑。西路为花园，与《康熙皇城宫殿衙署图》对照，该花园应是在明代仁寿宫花园遗址上修整而成的，园子中轴尽端依稀可辨前朝遗留的假山石。整组建筑均为奉养太后之所，据乾隆回忆，景福宫是孝惠章皇后的寝居地②，那么宁寿宫后殿应如慈宁宫之制专作礼佛之用，不再作为寝殿使用。此外，景福宫后尚有东宫、中宫、西宫三组建筑，为《国朝宫史》所不载，应与慈宁宫同制，为太妃、太嫔们的居住地。总体而言，康熙新建的宁寿宫是在明代一号殿之仁寿宫故址上兴建，依据原宫室布局肌理，形成前一路、中两路、后三路的平面格局，而在建制上则在慈宁宫规制基础上，设置了相对独立的朝贺、寝居与花园三组建筑。

乾隆继位后因感念幼时在宫中曾得到康熙妃子的照

图1-5 慈宁宫与改建前的咸安宫，采自《康熙皇城宫殿衙署图》

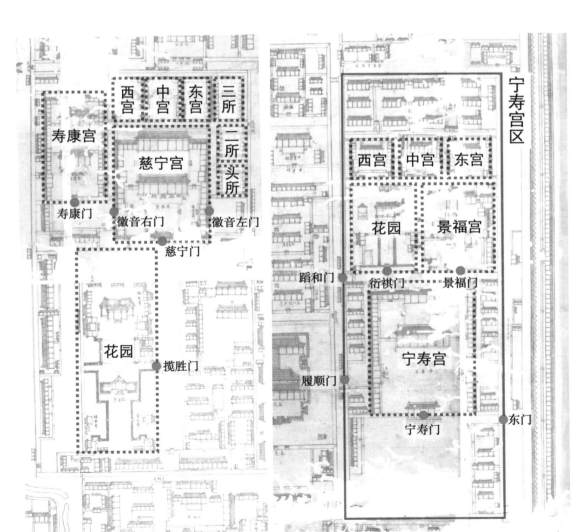

图1-6 乾隆前期慈宁宫（左）与宁寿宫（右）同比例对照（底图采自《京城全图》），反映了乾隆改建前的太后宫宁寿宫格局

顾，不时前往宁寿宫问安。乾隆元年（1736年）曾为在宁寿宫居住的康熙皇帝的四位嫔妃加尊[①]。乾隆三十三年（1768年）三月，最后一位皇贵太妃瓜尔佳氏病逝于宁寿宫，宁寿宫空出。两年后（乾隆三十五年，1770年），乾隆为践行他临御六十年即退位的素志，下旨重建宁寿宫为太上皇宫，明清两代以此地奉养前朝妃嫔之制一变。

乾隆三十六年（1771年）拆修原宁寿宫，工程启动。乾隆四十一年（1776年）前路宁寿宫完工，乾隆四十四年（1779年）宁寿宫全宫建成[②]。建成后的宁寿宫占地规模更大，在原宁寿宫基址上向北扩至北围大墙下。宁寿宫的营建意向在乾隆御制诗中多有阐发。全宫分为前路和后三路：前路皇极殿是太上皇临御受贺之处，后殿悬挂宁寿宫额，宫制如坤宁宫，是行祀神礼的处所；后中路自南向北建有养性门、养性殿、乐寿堂、颐和轩、景祺阁等，是太上皇倦勤后寝兴之所；后东路建有畅音阁、阅是楼、寻沿书屋、庆寿堂、景福宫、梵华楼、佛日楼等，功能以游宴、佛事为主；后西路则遵循原宁寿宫格局，建为花园，正门仍沿用原宁寿宫衍祺门之名，花园内遂初堂、符望阁、倦勤斋等的营建，以文人隐逸观念立意，表达乾隆归政后燕居憩息、颐养宁寿的意象。

在太上皇宫的营建中，景福宫之名得到了保留，位于后东路北部的三卷殿被命名为景福宫。乾隆在御制诗中曾解释道“是宫仿静怡轩之制为之，名则仍景福之旧”“景福宫则仿建福宫中静怡轩之制鼎新之”[③]。无论在建筑形制，还是内檐装修布局上，景福宫均写仿静怡轩，与原来作为太后寝宫的景福宫大相径庭。除景福宫外，后西路花园中的符望阁、倦勤斋仿建福宫延春阁、敬胜斋而建。研究者已指出乾隆出于对登基之初改建而成的建福宫花园的喜爱，以此为部分蓝图兴修宁寿宫，在建筑布局以及建筑立意上均有效仿[④]（图1–7）。

静怡轩位于建福宫东北角，与景福宫在宁寿宫中的位置相仿，1923年不幸毁于大火。从乾隆时期

①四位太妃分别为：寿祺皇贵妃、温惠贵妃（谥惇怡）、顺懿密妃、纯裕勤妃，见《高宗纯皇帝实录》卷30乾隆元年十一月初三条、卷806乾隆三十三年三月十五日条。

②《清高宗实录》卷1089载乾隆四十四年八月廿四日“前经降旨，葺治宁寿宫，为朕将来归政后颐养之所，现今工届落成，实为吉祥庆事，宜敷惠泽，以昭锡福，所有管理工程大臣及在工人员，俱著加恩交部议叙。”

③乾隆四十一年《题景福宫》《五福颂》，《清高宗御制诗集》四集卷34、二集卷37。

④傅连兴，白丽娟. 建福宫花园遗址[J]. 故宫博物院院刊，1980(3): 14－16.

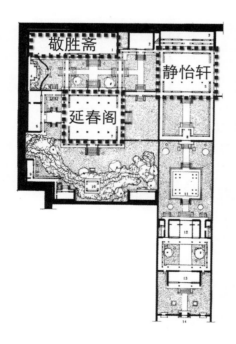

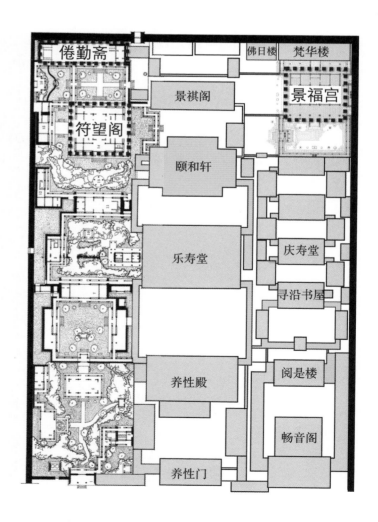

图1–7 乾隆时期宁寿宫与建福宫写仿关系图

《京城全图》中还可看到静怡轩始建时的样式为五开间周围廊三卷歇山殿（图1-8）。另据乾隆所述，静怡轩为寝室，因较养心殿凉爽，本想居此为其生母孝圣宪皇后守制。御制诗关于此处的吟咏也多与夏日纳凉相关。据《清高宗实录》记载，在建福宫建成后的乾隆初年间，每逢母后寿辰，乾隆帝奉皇太后幸静怡轩并重华宫侍宴。从乾隆皇帝对静怡轩的使用来看，此处与奉养太后有着密切关联。与此对应，乾隆亦曾追忆"景福"是康熙皇帝为其母后居所择定，"景福"一词本意为洪福、大福，乾隆"敬绎景福之义"，以此为宫名寓意"颐养、长寿"①。以"景福"为名，仿静怡轩之制，太上皇宫中的这座景福宫应寄托了乾隆对康熙老有所养、老有所终愿望的继承，被赋予了"宴息娱老"的新功能。

景福宫建成后效法静怡轩中的《五事箴》屏，安置乾隆亲书《五福颂》屏，演绎了《尚书·洪范》中的五福，即寿、富、康宁、攸好德、考终命，以此与景福取义颐养相呼应。乾隆四十九年（1784年）乾隆皇帝的长玄孙载锡出生，爱新觉罗家族五世同堂，乾隆以此为"亘古稀有盛事"，特选择景福宫在五福之后增二字得"五福五代"堂（图1-9）。而五福堂本是康熙赐予雍正的堂名，在雍和宫和圆明园皆有悬挂。玄孙降生后，乾隆不仅在景福宫，在此二处以及避暑山庄均增名"五福五代堂"匾额，以示"重熙累庆，仍即皇祖、皇考垂裕后昆，贻万世无疆之麻"之意②。据档案记载，乾隆朝景福宫内不仅有开敞的五福五代堂，而且有静谧的二层仙楼，空间丰富多变。建成后的宁寿宫包括景福宫在嘉庆、道光、咸丰和同治四朝只进行日常修缮维护③，几乎处于闲置状态，相关文献记载鲜见于册。目前仅知嘉

①《八旬万寿盛典》卷26，"景福者，皇祖所定名以侍养孝惠皇太后之所也……宁寿宫之景福宫，为圣祖仁皇帝所定名，我皇上敬绎景福之义，而因以是名堂者也"。文渊阁《四库全书》内联网版。

②《五福五代堂记》，《高宗睿皇帝御制文集》二集卷15。

③高换婷，秦国经. 清代宫廷建筑的管理制度及有关档案文献研究[J]. 故宫博物院院刊，2005（5）：302. "景福宫殿内顶棚绤绉迸裂，抱厦顶棚绤绉迸裂，窗户纸槽旧，隔扇纸槽旧，博缝二槽烂……景福宫至佛日楼等周围柱子塌板，窗台上下坎抱框金水油饰迸裂，景福宫东廊子连檐瓦口望板柱子二根俱槽烂，顺山房下坎门枕随墙门四库俱槽烂，炉坑二个木板槽烂，黄色琉璃勾头吊下二个，滴水吊下二个，仙人吊下二个，丁帽吊下三十个，撂角大小吊下十二对，地面砖槽烂三十块，阶条石闪裂，梅花树池石闪裂……"

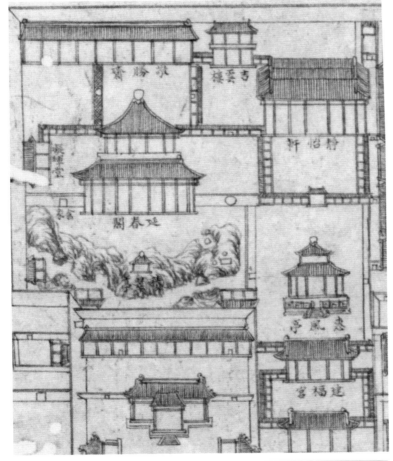

图1-8 乾隆时期《京城全图》中的建福宫静怡轩

图1-9 青玉交龙纽"五福五代堂宝"，故宫博物院藏

故宫古建筑图说·景福宫

研究篇

①嘉庆、道光年间，皇帝于十二月在宁寿宫赐宴并赏赐王公大臣和蒙古王公等：《清仁宗实录》卷205，嘉庆十三年十二月廿二日，"上御宁寿宫，赐王公大臣、蒙古王、贝勒、贝子、公、额驸等食"。卷237，嘉庆十五年十二月廿一日，"上御宁寿宫，赐王公大臣及蒙古王、贝勒、贝子、公、额驸等食，并赏赉有差"。卷301，嘉庆十九年十二月廿一日，"上御宁寿宫，赐王公大臣及蒙古王、贝勒、贝子、公、额驸、台吉等食，并赏赉有差"。中国第一历史档案馆。

《清宣宗实录》卷47，道光二年十二月廿一日，"上御宁寿宫，赐王公大臣及蒙古王、贝勒、贝子、公、额驸等食，并赏赉有差"。卷63，道光三年十二月廿一日，"上御宁寿宫，赐王公大臣及蒙古王、贝勒、贝子、公、额驸等食，并赏赉有差"。卷93，道光五年十二月廿一日，"上御宁寿宫，赐王大臣及蒙古王公、贝勒等食，并赏赉有差"。卷112，道光六年十二月廿一日，"上御宁寿宫，赐王大臣及蒙古王公、贝勒等食，并赏赉有差"。卷131，道光七年十二月廿一日，"上御宁寿宫，赐王公大臣及蒙古王、贝勒、贝子、公、额驸、台吉等食，并赏赉有差"。中国第一历史档案馆。

同治年间，同治帝不时奉两宫皇太后在宁寿宫侍午膳：《清穆宗实录》卷199，同治六年三月廿二日，"上奉慈安皇太后、慈禧皇太后幸宁寿宫，侍午膳"。中国第一历史档案馆。

②活计档胶片47，第一历史档案馆藏。

③景福宫现存匾额均为隆裕皇太后御笔。

道年间，每年十二月廿一日或廿二日均会在宁寿宫赐宴；同治时期，不时奉两宫皇太后在宁寿宫侍午膳①。

光绪十四年（1888年）载湉皇帝亲政，慈禧太后拟于归政后在宁寿宫居住，活计档中又再次出现景福宫内檐装修的记载："七月初一日，懋勤殿太监耿来通交，宁寿宫景福宫殿内用画提装横披画条十二件，随交下白画绢十二块，传旨，着如意馆画士张恺等绘画着色，各样花卉、山水、翎毛提装横披画条大小十二件，于本月二十二日要得，钦此。"②画条数量与现存数量吻合。光绪十九年（1893年），慈禧太后入住宁寿宫乐寿堂。为迎接慈禧太后六十寿辰，对宁寿宫进行了较大规模的修葺活动。据内务府档案记载，此次大修主要涉及乐寿堂、遂初堂、养性殿、禊赏亭等建筑，并未提及景福宫。至庚子事变慈禧携光绪帝回銮后，慈禧仍居宁寿宫，并且大肆修缮宁寿宫殿。光绪二十九年（1903年）慈禧七十万寿前，对景福宫进行了大规模修缮，殿内内檐装修全部拆撤挪移，平面格局发生较大变化。自此次修葺后，除宣统时期更换过匾额之外③，档案中再未见大规模的改建，现景福宫及其室内格局应是光绪二十九年改建之结果。

二、景福宫正殿现状调查

景福宫全区占地东西宽24.95m，南北长33.1m。宫北与梵华楼相接，南为寻沿书屋，东临宁寿宫宫墙，西北为佛日楼。主体建筑景福宫是一座面阔五间、进深三间的三卷棚歇山周围廊式建筑，屋面覆绿琉璃瓦黄剪边。宫前东、西、南三面围以游廊，与景福宫前廊相接，形成四周围合的独立院落，院内种植松柏。西侧游廊正中有一殿一卷式垂花门一座，名景福门，西向，是景福宫出入门户，与景祺阁东敞厅隔院相望。院正中为八角形须弥座，安设紫禁城内著名的"文峰"石（图1-10）。

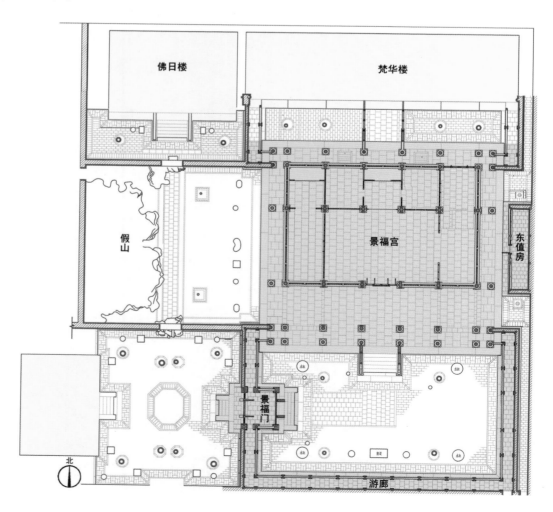

图1-10 景福宫总平面图（郭奥林、肖芳芳绘）

1. 台基

【台明】景福宫坐落在青白石须弥座台基上，台明东西长22.34m，南北宽20.132m，高0.835m，下出1.03m。须弥座做法较讲究：上、下枭皆雕刻"巴达马"即莲瓣饰；束腰部位雕刻"椀花结带"，转角处做"金刚柱子"。

【平面】景福宫通面阔20.28m，通进深18.01m，平面近似正方。明、次、稍间面阔相同[①]，为3.53m；进深方向分为三卷，前卷、后卷进深4.15m，中卷进深7.08m；周围廊廊深1.32m。前卷是通敞抱厦，中、后卷由槛墙和门窗围合成的室内空间（图1-11）。

①在测量每排柱子各间面阔的基础上，发现明、次、稍间面阔数值最大者差32mm（千分之一）。景福宫历年已久，台基和木构均存在变形，且明、次、稍间均有六攒斗栱，按照带斗栱大式建筑的面宽确定方法，推测景福宫设计建造时各间的面阔值应相同。

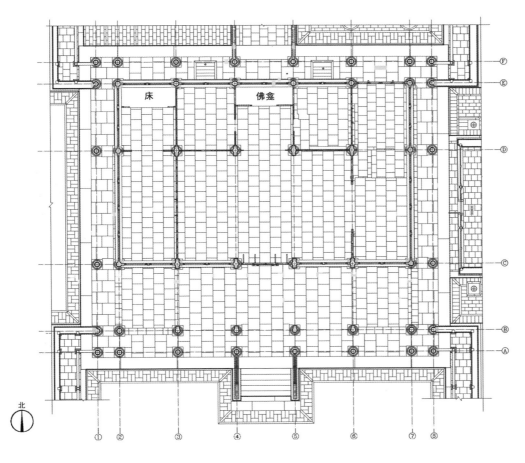

图1-11　景福宫平面

四周檐柱以外为阶条石，宽0.71m。檐柱以内地面方砖细墁，前卷东西稍间和室内用二尺方砖（约0.64m），前卷明、次间和周围廊下方砖比二尺略大（0.7m）。

【踏跺、栏板柱子】景福宫南面明间出单踏跺，踏步六级，宽与明间同，踏步正面雕刻"串枝宝相花"花纹（图1-12）。象眼和垂带一石联办而成，侧面皆做雕刻。垂带上置透瓶栏板和望柱，望柱头为石榴头，但南北望柱的石材、尺寸及望柱头的形状大小均略有不同（图1-13），应是修缮更换所致，东侧垂头地栿也有被更换的石构件。景福宫北面有月台与宫后的梵华楼相连，月台上亦做透瓶栏板和望柱。

图1-12　景福宫南踏跺正立面（左）及雕饰局部（右）

图1-13 南踏跺东侧南望柱（左）、北望柱（中）、东侧垂头地栿及垂带象眼（右）

【柱础】柱础为清官式建筑中常见的覆莲样式，部分柱础的莲瓣为素面，不施雕饰。檐柱柱顶石64cm见方，金柱柱顶石65cm见方，莲瓣柱础径50cm（图1-14）。

图1-14　景福宫柱础

2. 柱

柱有四十八，其中檐柱二十四，金柱二十四。测量结果见表1-1。

表1-1　各柱测量结果

	柱底径（m）	柱头径（m）	柱高（m）	收分		高径比
檐柱	0.330	0.302	3.887	0.028	7‰	11.8∶1
金柱	0.360	0.333	4.582	0.027	6‰	12.7∶1

檐柱高径比为11.8∶1，金柱高径比为12.7∶1，均较《营造算例》规定的10∶1更为细长。通过对柱底、柱头高度的点云切片进行拟合，得出景福宫柱头柱脚现状图（图1-15）。进行数据比较后发现景福宫檐柱存在较为明显的掰升现象[1]，从现状看南北檐柱掰升约2.8cm，东西檐柱掰升约4cm。另外，金柱柱头有偏移出柱脚的趋势，比较金柱面阔和进深数值也可发现此现象（图1-16），应是金柱本身的变形所致。

3. 斗栱

景福宫四周施单栱单翘交麻叶斗栱，构造简单但造型优美。平身科斗栱直接座落在额枋之上，柱头科、角科斗栱座落在檐柱柱头上，无平板枋。面阔方向，明、次、稍间均有六攒平身科斗栱；进深方向，前卷和后卷七攒，中卷十二攒。斗口为69mm。

①虽然某些檐柱因变形柱头偏移出柱脚之外，但整体来说景福宫檐柱存在掰升现象。

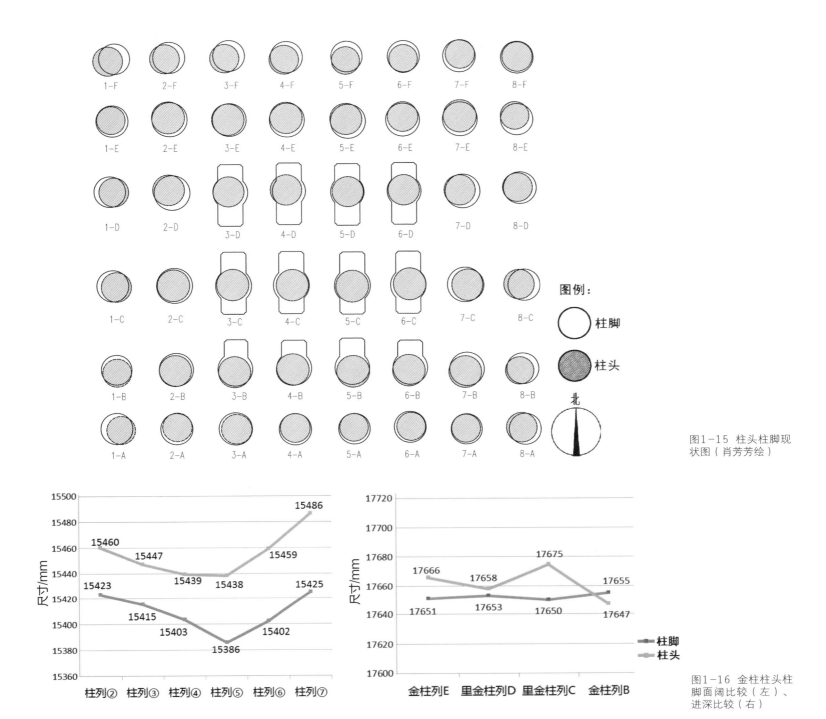

图1-15 柱头柱脚现状图（肖芳芳绘）

图1-16 金柱柱头柱脚面阔比较（左）、进深比较（右）

【平身科】正心瓜栱卷杀四瓣。与角科斗栱相邻的八个平身科斗栱，其里拽三幅云与角科麻叶头连做。西侧檐下斗栱形制略有差异，外拽三幅云明显长于里拽三幅云。部分斗栱的槽升子为另贴斗耳，可能是建造之初采用正心瓜栱与槽升子一木刻成、斗耳另贴的做法，还可能是斗耳损坏，后世修缮时将之剔除另贴（图1-17）。

【柱头科】形制同平身科斗栱，自坐斗外出者计翘一层，梁头和三幅云置于翘上十八斗内。与翘相交为正心瓜栱，其两端置槽升子，上承檐枋。

【角科】坐斗上刻十字口和斜口，正十字口内置搭交翘后带正心瓜栱二件，斜口上扣斜昂。搭交正翘之翘头上各置十八斗一件，斗上各置三幅云。斜昂昂头上置平盘斗和宝瓶，其后尾做成麻叶头形式。

4. 梁架

（1）廊下

【额枋】额枋横贯檐柱柱头间，形成交圈结构，通过拉结檐柱增强大木结构的稳定性。额枋截面高32.8cm，宽25cm，其上无平板枋（图1-18）。

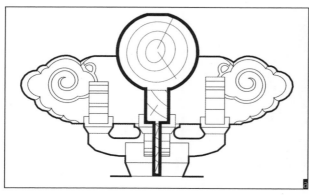

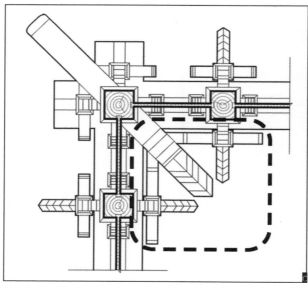

图1-17 景福宫平身
科斗栱
a 平身科斗栱
b 西侧檐下斗栱
c 角科斗栱
d 某斗栱槽升子斗耳
另贴

图1-18 景福宫后
檐，可见柱头上额枋

【抱头梁】四周檐柱与金柱间施抱头梁，前端挖檩椀以承檐檩，梁头伸出，置于柱头科十八斗上，后尾以透榫形式插进金柱（图1-19）。

【穿插枋】抱头梁下置穿插枋，截面高32.3cm，宽25.9cm，前后两端亦分别以透榫形式插进檐柱和金柱，以增强檐柱和金柱的拉结力（图1-19）。

【角梁】老角梁高31.3cm，厚22cm，梁头做"霸王拳"。仔角梁高与厚皆逊老角梁，而长过之，梁头做套兽榫，挂套兽。

（2）前、中、后卷

【六架梁】中卷南北金柱柱头上置六架梁，梁下施随梁。六架梁跨度7.08m。

【四架梁】前中后卷均设四架梁。前后卷在金柱柱头上置四架梁，梁跨4.16m，梁底标高与中卷六架梁梁底齐，支承前后金檩和前后天沟檩，梁下亦施随梁。中卷六架梁上立上金瓜柱，高0.4m，瓜柱上放四架梁以承上金檩，四架梁和六架梁间用厚约0.36m的板封闭。

【月梁】前、中、后卷四架梁上立脊瓜柱，瓜柱上承月梁，月梁支承南北脊檩，檩下皆跟随垫板和枋。

【承椽板】前后卷东西稍间四架梁背上叠承椽板，高31.3cm，厚17.5cm，外侧剔凿椽窝，与四架梁一起代替踩步梁承担上部梁架和山面椽子（图1-20-a）。中卷则在六架梁背上做承椽板，且承椽板上复叠有一木板（图1-20-b），厚12.6cm，高23cm，功用待考。

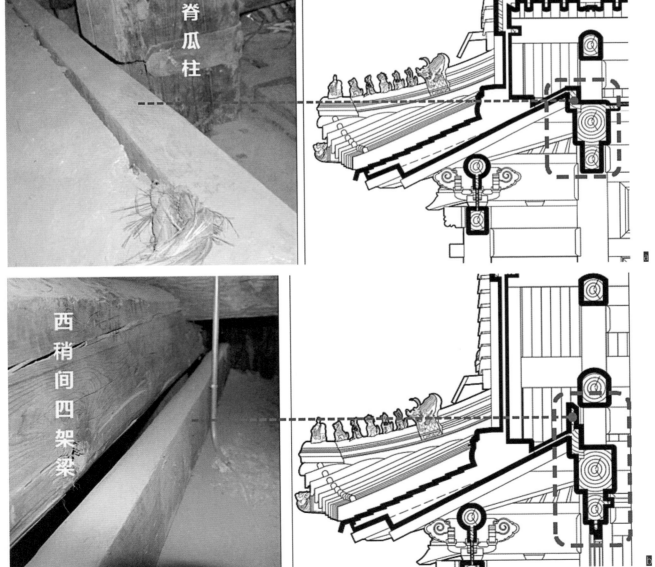

图1-20 景福宫"踩步梁"做法
a 前卷西稍间"踩步梁"做法
b 中卷西稍间"踩步梁"做法

景福宫各梁尺寸见表1-2。

表1-2　景福宫各梁尺寸汇总

部位		梁高（cm）	梁厚（cm）	高厚比
廊下	抱头梁	42.1	36.4	1.16：1
前卷	四架梁	52.7	42.0	1.25：1
	四架梁随梁	32.0	27.6	1.16：1
	月梁	33.1	26.4	1.25：1
后卷	四架梁	50.1	42.2	1.19：1
	四架梁随梁	28.9	24.8	1.17：1
	月梁	35.8	27.3	1.31：1
中卷	六架梁	51.9	43.7	1.19：1
	四架梁	41.5	34.3	1.2：1
	月梁	33.9	29.7	1.14：1

（3）举折

景福宫前后檐檩与金檩相距约1.2m，举高约0.6m，适为五举，符合清式"五举拿头"做法。景福宫举折尺寸见表1-3。

表1-3　景福宫举折尺寸

部位		步架（m）	举高（m）	举折
前卷	檐步	1.277	0.621	0.49 五举
	金步	1.599	0.969	0.6 六举
中卷	下金步	1.530	0.888	0.58 六举
	上金步	1.505	1.059	0.7 七举
后卷	金步	1.598	0.944	0.59 六举
	檐步	1.263	0.621	0.49 五举

可知，景福宫三卷举折变化不大，形成了缓和的屋面曲线。

（4）椽望

檐椽直径为10.5cm，飞椽椽头为10cm见方，横铺望板。飞椽下皮距台明上皮高4.086m，檐檩中至飞头平出檐为1.202m，比下出多0.172m，即下出为上出之6/7，较《营造算例》规定的3/4偏大。

（5）两山

其两山构造与一般清官式歇山做法无异，脊檩、上金檩下立草架柱子，以梯形踏脚木承接，草架柱子间横插穿。山花板外皮与山面檐檩中线间距为一檩径，板厚9.9cm。博缝板紧贴山花板，厚8.5cm。

5. 彩画

景福宫周围廊下、前卷天花以下的梁檩枋和中卷明间南侧脊檩等处皆施彩画。

前卷天花以下的梁檩枋上，绘有以风景画为主题的苏式包袱彩画，采用万字连珠带箍头，软烟云包袱，烟云筒为七道。前卷天花板上绘团鹤纹彩画，天花支条上绘轱辘燕尾云。中卷明间南侧脊檩上绘苏式包袱彩画，包袱心绘片金龙纹（图1-21）。

6. 屋面

景福宫为三卷勾连搭歇山屋面覆六样绿琉璃瓦，黄色剪边，共有戗脊四、垂脊六、博脊二。戗脊用小兽五跑，垂脊坡向天沟端用小兽三跑。

嘉庆、光绪等朝的修缮致景福宫四周勾头、滴水的龙纹种类各异（图1-22）。经统计，勾头龙纹有12种，滴水龙纹有6种，年代尚未判定。屋顶天沟处用镜面勾头，无滴水。

7. 墙

景福宫东、西、北金柱及南里金柱间皆砖砌槛墙，高0.658m，采用十字缝干摆做法，露明七皮半。槛墙内表面包砌木板。

图1-21 中卷明间南侧
脊檩彩画

图1-22 勾头龙纹
（左）、滴水龙纹（右）

8. 外檐装修

【门】景福宫前金里明间装四抹隔扇门，外带风门，高4.266m。后檐东稍间装四抹隔扇门，外带帘架，高3.559m（图1-23）。

图1-23 景福宫中卷明间前檐门（左），景福宫后卷东稍间后檐门（右）

【窗】四周槛墙上皆置步步锦支摘窗，高3.463m，窗棂间有团寿字纹样和蝙蝠卡子花（图1-24）。

9. 内檐装修

（1）天花

景福宫前、中、后卷皆施天花（图1-25）。

【井口天花】前卷为井口天花，明、次、稍各间均为东西向五排与南北向六排的组合。每间南北分别于檐檩、天沟檩侧面，东西于四架梁侧面置贴梁，中间施东西向通支条和南北向单支条用来支撑天花板，无帽儿梁。天花板实测尺寸为54cm×56cm，其上施两条穿带（图1-26）。

图1-24 景福宫后檐步步锦支摘窗

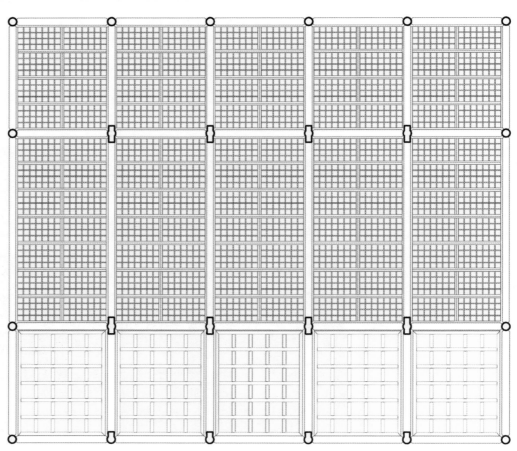

图1-25 景福宫天花布局示意图（荣幸绘）

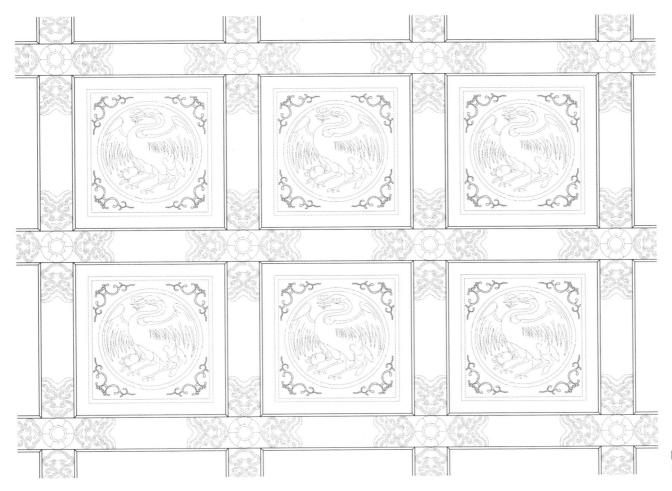

图1-26 景福宫前卷井口天花大样图(荣幸绘)

【木顶格天花】中卷和后卷为木顶格天花，每扇四周置边框，中间做小方格楞条，每格为0.19m见方。中卷各间均为14扇天花，后卷各间8扇，每扇长1.5m（4.5尺），宽0.8m（2.4尺）（图1-27）。

（2）罩隔

罩隔做为室内空间的分隔物，按式样可分为几腿罩、栏杆罩、床罩、圆光罩、花罩、碧纱橱、板墙等。景福宫内檐装修保留了光绪二十九年（1903年）改建后的样式，现存罩隔共计7种13槽，包括中卷东次间东缝栏杆罩1槽，编号为Z1；中卷东稍间后檐几腿罩1槽，编号为Z2；后卷东次间东缝、中卷西次间西缝共碧纱橱2槽，编号分别为Z3、Z10；中卷东次间、西次间后檐玻璃隔扇槛窗门2槽，编号分别为

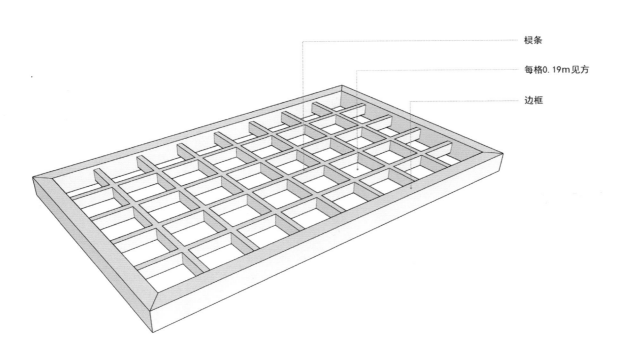

楞条

每格0.19m见方

边框

图1-27 景福宫中卷、后卷木顶格天花示意图（荣幸绘）

Z4、Z9；中卷明间后檐玻璃隔断1槽，编号为Z6；后卷明间后檐佛龛1槽，编号为Z7；后卷明间东缝和西缝玻璃隔扇槛窗门口2槽，编号分别为Z5、Z8；中卷西稍间后檐落地罩1槽，编号为Z11；后卷西稍间后檐床罩1槽，编号为Z12；后卷西次间西缝板墙隔断1槽，编号为Z13（图1-28）。13槽罩隔均有横披和横披上的提装，横披扇隔心式样均为灯笼框式样，中间夹纱，棂条间施有寿字团卡子花和福寿卡子花。其中除后卷明间后檐佛龛外，面阔方向及后卷进深方向共10槽罩隔，均为3横披扇，中卷进深方向2槽罩隔均为5横披扇。这些内檐装修使得景福宫室内空间富有层次感，功能分区明确。

【栏杆罩】位于中卷东次间东缝的栏杆罩Z1，中枋下分为三堂，中间宽两边窄。两侧二堂各有栏杆一扇，每扇栏杆有完整透雕蝙蝠、寿桃式样净瓶2个，半净瓶2个，群板、绦环板均有蝙蝠、寿桃花样雕花。三堂中枋下均安设透雕蝙蝠、寿桃、万字花样通牙子，共3块。上枋上的提装东面裱有光绪二十年探花郑沅（1866—？）敬书的书法贴落，西面裱有喜鹊水仙绘画贴落（图1-29）。

【几腿罩】位于中卷东稍间后檐的几腿罩Z2，于中枋下、两抱框间安设三角形牙子一对，均为透雕蝙蝠、寿桃花样。上枋上的提装南面裱有光绪二十四年进士袁励准（1876—1935）书写的唐朝诗人王建（765—830）《宫词》节选，北面裱有绘画贴落（图1-30）。

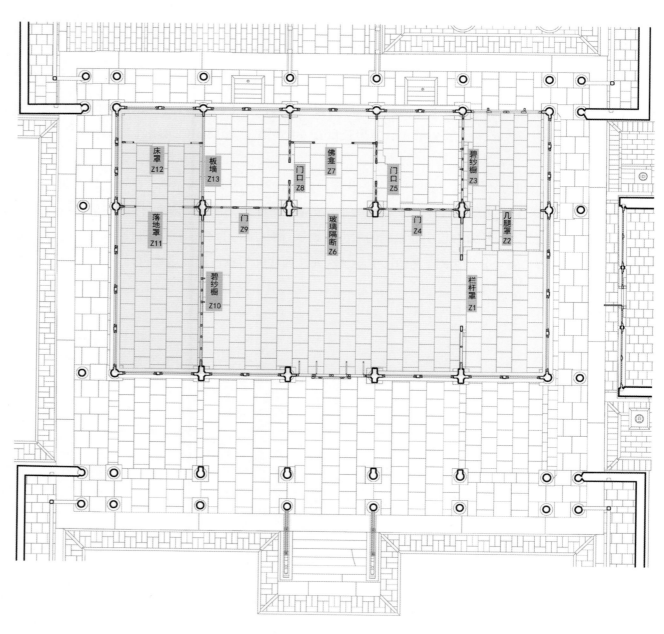

图1-28 景福宫内檐装修罩隔位置示意图（荣幸绘）

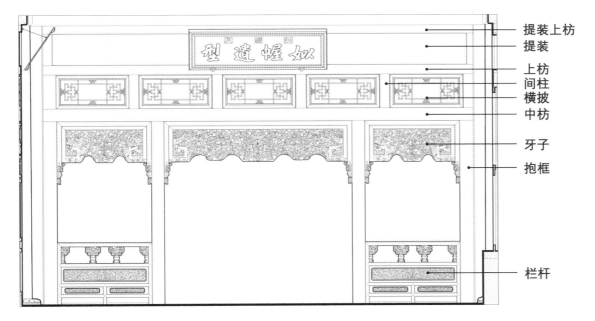

图1-29 栏杆罩Z1西
立面（荣幸绘）

- 提装上枋
- 提装
- 上枋
- 间柱
- 横披
- 中枋
- 牙子
- 抱框
- 栏杆

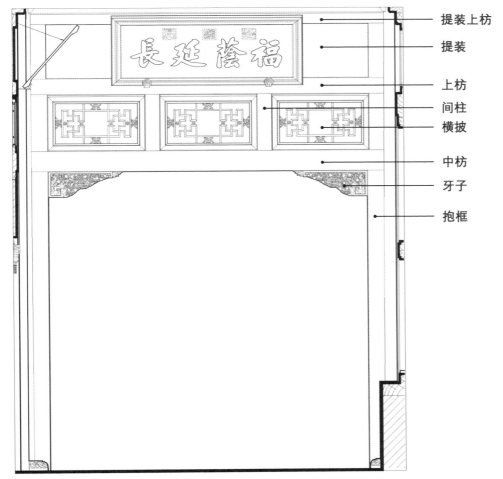

图1-30 几腿罩Z2南立
面（荣幸绘）

- 提装上枋
- 提装
- 上枋
- 间柱
- 横披
- 中枋
- 牙子
- 抱框

　　【碧纱橱】位于后卷东次间东缝的碧纱橱Z3，共八隔，西侧带帘架。另有一槽位于中卷西次间西缝的碧纱橱Z10，共十二隔扇，其东侧带帘架。隔扇的隔心式样与景福宫内横披扇隔心式样吻合，均为灯笼框式样，中间夹湖蓝色纱，棂条间施有寿字团卡子花和福寿卡子花。二槽碧纱橱的提装均东面裱有书法贴落，西面裱有绘画贴落（图1-31）。

　　【群墙玻璃隔扇槛窗门】位于中卷东次间后檐的群墙玻璃隔扇槛窗门Z4和位于中卷西次间后檐的群墙玻璃隔扇槛窗门Z9式样完全相同，均于中枋下分为三堂，中间一堂为玻璃门，门扇上有玻璃横披一扇。东、西二堂均为鼓儿板群墙两隔扇槛窗，隔扇隔心、绦环板均为券口式，中间夹玻璃，券口透雕蝙蝠、寿桃花样。上枋上的Z4提装南面裱有紫藤绘画贴落，Z9提装南面裱有梅花绘画贴落，两罩隔北面均裱有书法贴落（图1-32）。

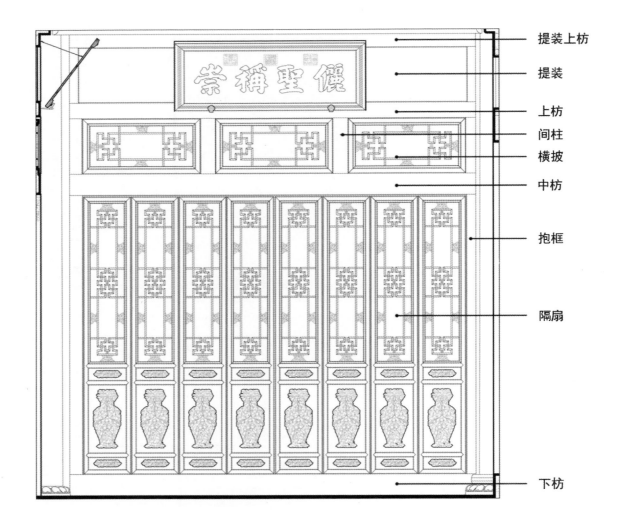

图1-31 碧纱橱Z3东立面图

提装上枋

提装

上枋

间柱

横披

中枋

抱框

隔扇

下枋

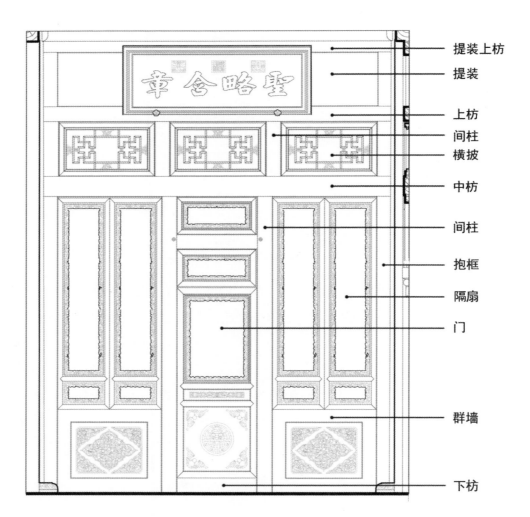

图1-32 群墙玻璃隔扇槛窗门Z4南立面图

提装上枋

提装

上枋

间柱

横披

中枋

间柱

抱框

隔扇

门

群墙

下枋

【玻璃隔断】位于中卷明间后檐的玻璃隔断Z6，于中枋下、抱框间安设大洋玻璃一扇，玻璃扇为券口式，中间夹玻璃，券口透雕蝙蝠、寿桃花样。上枋上的提装南面裱有同治十三年陆润庠（1841—1915）敬书的唐代诗人李白（701—762）《侍从宜春苑奉诏赋龙池柳色初青听新莺百啭歌》的书法贴落，北面裱有绘画贴落（图1-33）。

【佛龛】位于后卷明间后檐的佛龛Z7，以无花纹式样须弥座为底，上为毗卢帽栏杆罩，中枋下分为三堂，东、西二堂安设栏杆各一扇，每扇栏杆有完整净瓶1个、半净瓶2个，群板上贴有卷草纹式样雕花。中枋上安设毗卢帽，毗卢帽为混雕双龙戏珠式样。龛内裱糊明黄色万福万寿锦（图1-34）。

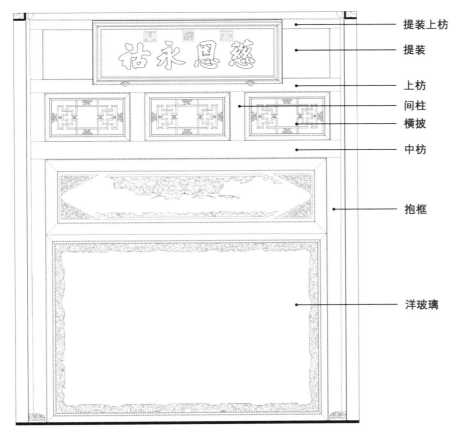

提装上枋

提装

上枋

间柱

横披

中枋

抱框

洋玻璃

图1-33 玻璃隔断Z6南立面图

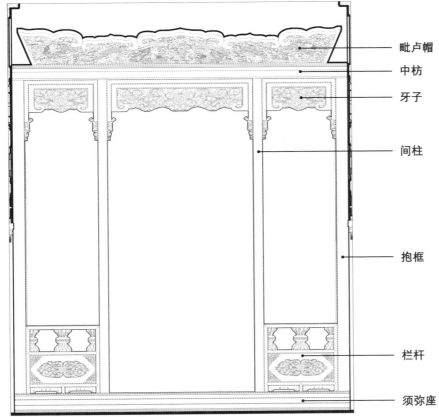

毗卢帽

中枋

牙子

间柱

抱框

栏杆

须弥座

图1-34 佛龛Z7南立面图

【群墙玻璃隔扇槛窗门口】位于后卷明间东、西二缝的群墙玻璃隔扇槛窗门口Z5和Z8式样完全相同，均为中枋下分为三堂，中间一堂为透雕牙子蝙蝠、寿桃、万字花样欢门牙子门口，牙子上有横披一扇。南、北二堂均为鼓儿板群墙两隔扇槛窗，隔扇隔心、绦环板均为券口式，中间夹玻璃，券口透雕蝙蝠、寿桃花样。Z5上枋上的提装西面裱有光绪庚寅翰林朱益藩（1861—1937）敬书的唐朝诗人陈陶（约812—885）《朝元引》的书法贴落，东面裱有"宣统庚戌春"（宣统二年，1910年）郑元敬书的《班固·东都赋》书法贴落；Z8上枋上的提装东面裱有梅花绘画贴落，西面裱有书法贴落（图1-35）。

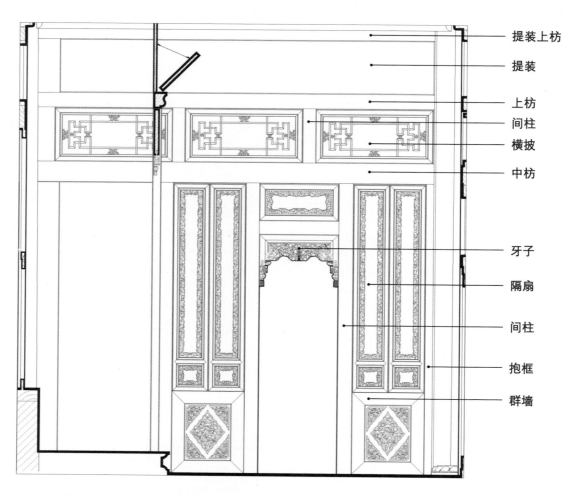

图1-35 玻璃隔扇槛窗
门口Z5西立面图

右侧标注（从上到下）：
提装上枋
提装
上枋
间柱
横披
中枋
牙子
隔扇
间柱
抱框
群墙

【落地罩】位于中卷西稍间后檐的落地罩Z11，罩腿为隔扇，隔扇下安设须弥座。隔扇的隔心式样与景福宫内横披扇隔心式样吻合，均为灯笼框式样，中间夹湖蓝色纱，棂条间施有寿字团卡子花和福寿卡子花。落地罩中枋下还安设三角形牙子一对，均为透雕蝙蝠、寿桃花样。上枋上的提装南面裱有郑元敬书的唐代诗人温庭筠《水仙谣》的书法贴落，北面裱有竹子绘画贴落（图1-36）。

【落地床罩】位于后卷西稍间后檐的床罩Z12，下有床挂面三堂，每堂中间贴有蝙蝠、寿桃花样雕花。床挂面上为落地罩式样，罩腿为隔扇，式样与Z11落地罩罩腿隔扇吻合，仅尺寸略小一些。床罩中枋下还安设三角形牙子一对，均为透雕蝙蝠、寿桃花样。上枋上的提装南面裱有光绪十八年榜眼吴士鉴（1868—1934）敬书的宋代进士孔武仲（1042—1097）《十二月十六日后殿朝谒》的书法贴落（图1-37）。

【板墙】位于后卷西次间西缝的板墙Z13，于下槛、中枋、两抱框间施有宽度不等的木板8块。上枋上的提装两面均裱有松树绘画贴落（图1-38）。

【尺寸】通过数据比较，景福宫罩隔里口和槛框尺寸，呈现三个特征。第一，同一罩隔上、中、下三个里口宽度并不完全一致，大致呈现下窄上宽的规律。第二，上枋、中枋、下槛以及上、中、下三里口高度实测数据均相差不大，特别是同一空间四面罩隔高度一致。第三，槛框厚度随面阔变长而变厚。例如，面阔最宽的罩隔——中卷东次间东缝栏杆罩和中卷西次间西缝碧纱橱均采用110mm厚的槛框，相较之，面阔最窄的罩隔槛框厚度则仅有80mm（表1-4）。

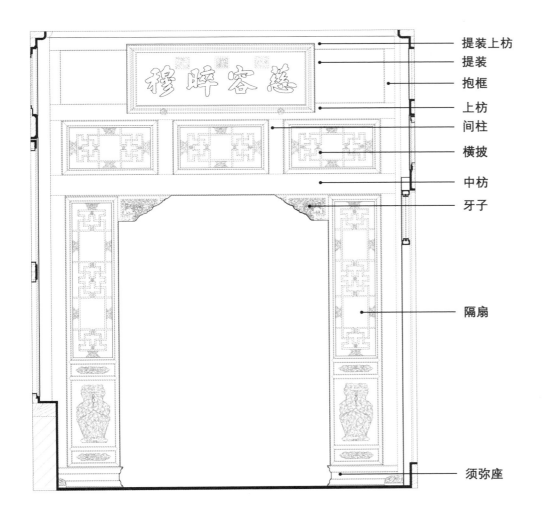

提装上枋

提装

抱框

上枋

间柱

横披

中枋

牙子

隔扇

须弥座

图1-36 落地罩Z11南立面图

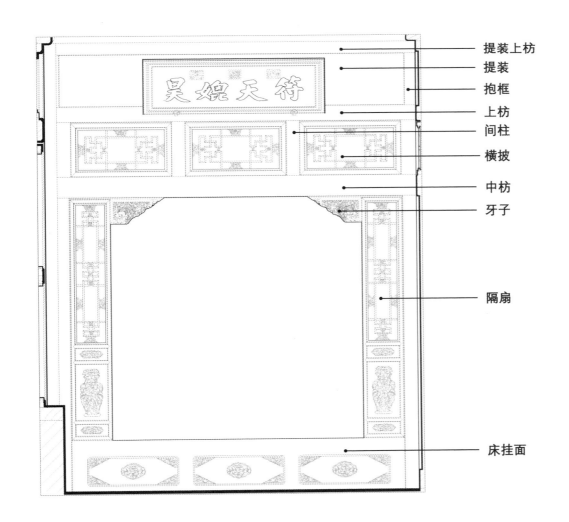

提装上枋

提装

抱框

上枋

间柱

横披

中枋

牙子

隔扇

床挂面

图1-37 落地床罩Z12南立面图

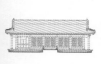

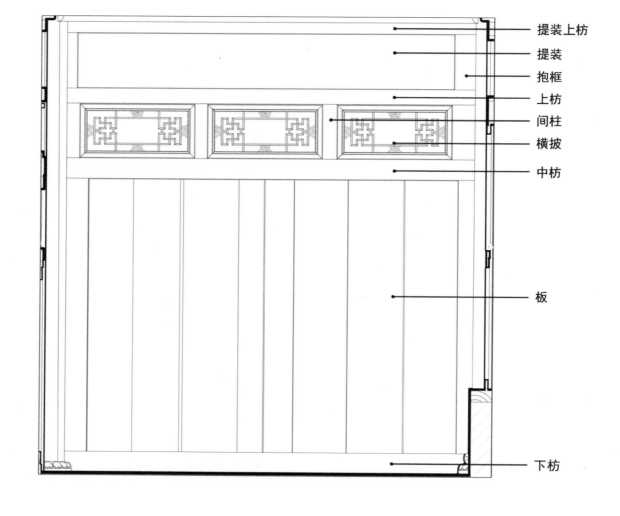

提装上枋
提装
抱框
上枋
间柱
横披
中枋

板

下枋

图1-38 板墙Z13东立
面图

表1-4 景福宫现存内檐装修罩隔槛框尺寸统计表　　　　　　　　　　　　　　单位：mm

编号	罩隔名称	下里口（长×高）	中里口（长×高）	上里口（长×高）	下槛（宽×厚）	中枋（宽×厚）	上枋（宽×厚）	下间柱（宽×厚）	横披间柱（宽×厚）
Z1	中卷东次间东缝栏杆罩	5964×2785	6027×510	6137×475	无	200×110	155×110	190×110	162×110
Z2	中卷东稍间后檐几腿罩	2883×2785	2907×520	2925×495	无	200×85	155×85	无	141×85
Z3	后卷东次间东缝碧纱橱	3442×2781	3439×505	3485×502	195×85	206×85	156×85	无	140×54
Z4	中卷东次间后檐门	2920×2780	2915×514	2932×505	137×80	202×80	156×80	145×80	141×80
Z5	后卷明间东缝门口	3405×2788	3510×513	3528×498	无	195×80	153×80	135×80	125×80
Z6	中卷明间后檐隔断	2880×2785	2920×510	2938×519	无	193×105	148×105	无	155×105
Z7	后卷明间后檐佛龛	3190×3297	无	无	无	无	160×?	100×80	无
Z8	后卷明间西缝门口	3405×2788	3510×513	3528×498	无	195×80	153×80	135×80	155×105
Z9	中卷西次间后檐门	2920×2780	2915×514	2932×505	137×80	202×80	156×80	145×80	125×80
Z10	中卷西次间西缝碧纱橱	5965×2793	6039×507	6084×475	200×100	200×100	158×100	无	156×100
Z11	中卷西稍间后檐落地罩	2905×2765	2928×508	2972×505	无	200×80	157×80	无	140×80
Z12	后卷西稍间后檐床罩	3065×2770	3035×511	3176×498	无	203×80	155×80	无	130×80
Z13	后卷西次间西缝板墙	3390×2764	3411×510	3456×515	154×90	187×90	202×90	无	124×90

【花样】景福宫现存罩隔装饰母题统一，后卷明间后檐佛龛为双龙戏珠、西番莲、卷叶草母题，其余罩隔均采用"蝙蝠""寿桃""万字"的装饰母题来表达"万年福寿"的庆寿之意。从装饰母题的选用上可以印证光绪二十九年（1903年）景福宫内檐装修改建有庆祝慈禧七十万寿之意。（表1-5）

表1-5　景福宫现存内檐装修罩隔装饰母题统计表

编号	净瓶	群板	绦环板	群墙	牙子	隔心券口
Z1	蝙蝠、寿桃	蝙蝠、寿桃	蝙蝠、寿桃	无	蝙蝠、寿桃、万字	蝙蝠、寿桃
Z2		无	无	无	蝙蝠、寿桃	无
Z3		蝙蝠、寿桃、万字	蝙蝠、寿桃	无	无	无
Z4	无	蝙蝠、寿字	蝙蝠、寿字	蝙蝠、寿桃	无	蝙蝠、寿桃
Z5		无	无	蝙蝠、寿桃	蝙蝠、寿桃、万字	蝙蝠、寿桃
Z6		无	无	无	无	蝙蝠、寿桃
Z7	卷叶草	卷叶草	无	无	卷叶草	无
Z8		无	无	蝙蝠、寿桃	蝙蝠、寿桃、万字	蝙蝠、寿桃
Z9		蝙蝠、寿字	蝙蝠、寿字	蝙蝠、寿桃	无	蝙蝠、寿桃
Z10	无	蝙蝠、寿桃、如意	蝙蝠、寿桃	无	无	无
Z11		蝙蝠、寿桃、万字	蝙蝠、寿桃	无	蝙蝠、寿桃、万字	无
Z12		蝙蝠、寿桃、万字	蝙蝠、寿桃	无	蝙蝠、寿桃、万字	无
Z13		无	无	无	无	无

同时，在现场勘察过程中发现，程式化母题的卡子花在雕刻上存在着细微的差别。以景福宫内檐装修罩隔横披扇圆形寿字团卡子花为例，按雕刻样式可分为三种。第一种样式最为简单，无闭合外轮廓，内部单线组成。第二种样式稍为复杂，外轮廓围合，上有线脚压边。第三种最为复杂，不仅有压边外轮廓，而且内部寿字雕刻较为繁复（图1-39）。初步统计，围合景福宫供佛空间的7槽罩隔卡子花样式呈对称分布，后卷明间前檐、东缝、西缝3槽罩隔均为第二种样式卡子花；后卷东、西次间前檐罩隔均采用样式最为复杂的寿字团卡子花；后卷东次间东缝、西次间西缝均使用第一种样式卡子花。剩余罩隔，东侧2槽均用第二种样式卡子花，西侧除中卷西次间西缝碧纱橱采用最复杂样式卡子花外，其余2槽均为第一种样式（图1-40）。

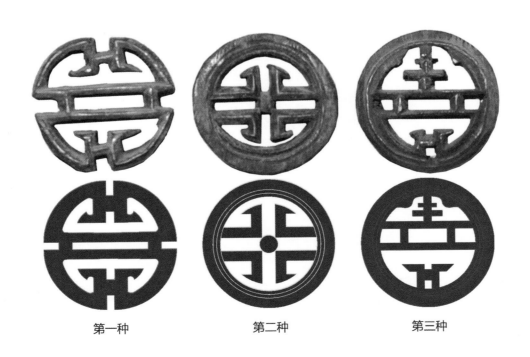

第一种　　　　第二种　　　　第三种

图1-39 景福宫寿字团卡子花式样（荣幸绘制）

第一章　景福宫调查报告

25

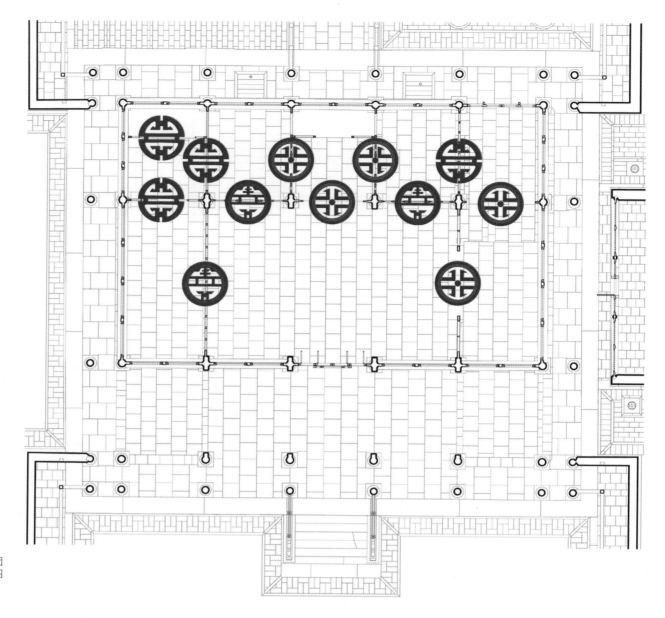

图1-40 景福宫寿字团
卡子花分布位置示意图
（荣幸绘）

　　【构造】内檐装修罩隔，无论是何种式样，都是由槛框、隔扇、牙子等构件通过榫卯搭接组合而成的。通过对现场遗留散落构件的拼合，以及对现存罩隔榫卯结构的脱榫、露明情况进行实测，可将景福宫内檐装修罩隔榫卯做法分为两大类。第一类为拼接构件的榫卯做法，即槛框、边抹、仔边、棂条等构件拼接时使用的榫卯做法。景福宫各罩隔边抹拼接采用双夹直榫；雕花隔心、仔边拼接采用抄手榫来增大接触面积保护雕花、仔边的完整性；棂条则用冲尖半榫拼接，以保证断面尺寸较小的棂条不易断裂，且实现构件双方的线脚凹凸浑然一体。第二类为安装预制隔心活屉、卡子花等构件的榫卯做法。景福宫中采用"上顶下落"的榫卯做法将隔心活屉安装于边抹之上，采用栽销的方法安装卡子花、净瓶等预制构件。（图1-41）

图1-41 景福宫榫卯做法

双夹直榫

抄手榫

冲尖半榫

栽销

"上顶下落"

（3）匾

【种类】建筑内檐匾额作为文化载体，多用以表达建筑主人的个人意志。景福宫内檐共有匾额13块，均钤有三块方印，中间一枚为"隆裕皇太后御笔"印。门厅空间中卷明间后檐玻璃隔断Z6上悬有"慈恩永祜"匾，东、西次间群墙玻璃隔扇槛窗门Z4、Z9上分别悬挂"圣略含章"匾和"泽被四裔"匾，中卷东次间东缝栏杆罩Z1西侧悬挂"姒帏遗型"匾，中卷西次间西缝碧纱橱Z10东侧悬挂"懿训昭垂"匾。从题字内容来看，"懿训昭垂"出自《大清高宗纯皇帝实录》乾隆二十年六月戊申，"亲承懿训之昭垂"，表达希冀皇帝遵从祖先旧历听从皇太后懿训之意。在通行空间内，中卷东次间东缝栏杆罩Z1东侧悬挂"永祚繁昌"匾，中卷东稍间后檐几腿罩Z2南侧悬挂"福荫延长"匾、北侧悬挂"徽音远劭"匾，后卷东次间东缝碧纱橱Z3东侧悬挂"俪圣称崇"匾。其中，"俪圣称崇"出自《全唐诗》卷十四："于穆先后，俪圣称崇。母临万宇，道被六宫。昌时恊庆，理内成功。殷荐明德，传芳国风"，表达太后管理内宫贤明之意。休憩空间中，中卷西次间西缝碧纱橱Z10西侧悬挂"德表国闱"匾，中卷西稍间后檐落地罩Z11南侧悬挂"慈容晬穆"匾、北侧悬挂"天日常瞻"匾，后卷西稍间后檐床罩Z12上悬挂"符天媲昊"匾。从字面内容来看，"德表国闱"出自清乾隆朝刘凤诰《存悔斋集》卷十："臣闻德表国闱，垂裕深而辑祜道、端宸掖。申锡久而发祥，彰懿敦于翟庭，晋熙称于鸿册。礼隆思孝，义洽扬馨。钦惟皇祖妣孝圣（尊谥全）宪皇后，顺协天经，化周坤纪。護宫肃范，播尧舜之仁誉"，强调皇帝治国以孝为先、尊重母后的重要性。

【样式】匾额式样方面，13块匾额边框均做锦边裱糊，匾上书墨色字。其中，"姒帏遗型""徽音远劭""符天媲昊"3块匾额为橘色洒金纸地；"永祚繁昌""福荫延长""泽被四裔""懿训昭垂""德表国闱""慈容晬穆"6块匾额为香色纸地；"俪圣称崇""圣略含章""慈恩永祜""天日常瞻"4块匾额为鹅黄色纸地。（图1-42）

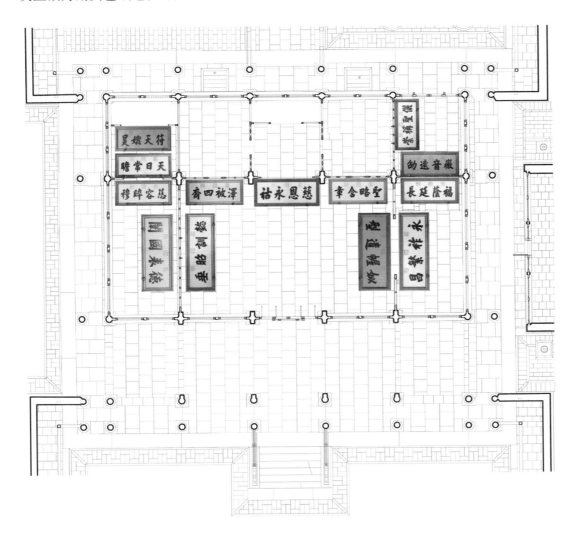

图1-42 景福宫匾额位置示意图（荣幸绘）

第一章 景福宫调查报告

27

【尺寸】经实测，在高度方面，位于中卷明间后檐重要位置的"慈恩永祜"匾高为1306mm，其他匾额均在780~783mm之间。在宽度方面，匾额所处罩隔的面宽值越大，相应匾额的宽度也会越大。其中，中卷南北向四块匾额最宽，为2042mm，再中卷后檐"慈恩永祜"匾额宽为1943mm，其余匾额宽度均在1720~1730mm之间。（表1-6）

表1-6　景福宫现存匾额统计表　　　　　　　　　　　　　　　　单位：mm

名称	蚨幄遗型	永祚繁昌	福荫延长	徽音远劭	俪圣称崇	圣略含章	慈恩永祜	泽被四裔	懿训昭垂	德表国闱	慈容晬穆	天日常瞻	符天媲昊
宽	2042	2042	1730	1726	1720	1727	1943	1720	2042	2042	1727	1720	1727
高	781	781	783	781	783	781	1306	780	781	780	781	781	781

（4）金属构件

景福宫内檐留有大量的金属构件，这些金属构件可以帮助我们推测景福宫在宣统朝使用时的陈设概况。景福宫内檐现存金属构件可分为三类。第一类为悬挂帘子所使用的的寿字钩。景福宫内寿字钩尺寸统一，样式一致，主要分布在门口以及碧纱橱帘架的两侧。第二类为托举匾额所用的云头钉，主要分为两种。一种造型扁长，另一种较为圆润。经统计，可直观发现当匾额的宽度较宽时，采用扁长型云头钉；当匾额宽度较窄时，则施用圆润型云头钉。（表1-7）第三类金属构件则是用于悬挂如挂屏、对联、彩胜等装饰物的云头钉。相较于托举匾额所用云头钉，此种云头钉尺寸较小（宽12mm，高10mm），构造单薄，一般由3个组成一组，上一下二，形成稳定的三角形（图1-43）。经现场排查，除在中卷东次间东缝栏杆罩下里口间柱东西两侧共留有4组遗存外，景福宫前檐、两山墙各支摘窗间柱里皮上均留有悬挂装饰物的云头钉，共计18组。

表1-7　景福宫托举匾额所用云头钉样式分布统计表　　　　　　　　单位：mm

名称	蚨幄遗型	永祚繁昌	福荫延长	徽音远劭	俪圣称崇	圣略含章	慈恩永祜	泽被四裔	懿训昭垂	德表国闱	慈容晬穆	天日常瞻	符天媲昊
匾长	2042	2042	1730	1726	1720	1727	1943	1720	2042	2042	1727	1720	1727
云头钉													

图1-43　景福宫悬挂装饰物云头钉

10. 室内空间

不同形式的罩隔在组织空间时效果不尽相同。例如碧纱橱、板墙等围合的空间较为封闭，栏杆罩、花罩、圆光罩等围合的空间透而不通，几腿罩则起到增加空间层次的作用。景福宫内檐通过13槽不同形式罩隔的组合，总体呈现集中式对称布局的特点，共分隔成4个空间。中卷明、次三间为门厅，后卷明、次三间为礼佛场所，东稍二间为通行空间，西稍二间为休憩场所。（图1-44）

门厅空间由中卷东次间东缝的栏杆罩、中卷明间后檐的玻璃隔断、中卷东西次间后檐的群墙玻璃槛窗门，以及中卷西次间西缝的碧纱橱围合，形成面

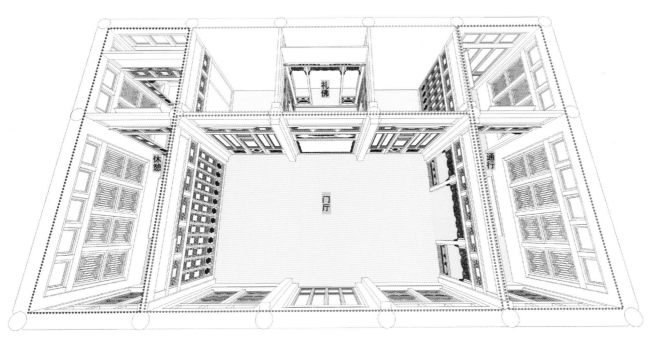

图1-44 景福宫内檐装修效果图（荣幸绘）

阔10.584m，进深7.080m的开敞大空间；后卷礼佛空间则由封闭的后卷西次间西缝的板墙、后卷东次间东缝的碧纱橱以及中卷明间后檐的玻璃隔断、中卷东西次间后檐的群墙玻璃槛窗门围合界定，并由南北向的后卷明间东、西二缝群墙玻璃槛窗门口分隔为东、中、西三间，呈对称布局，中间放置佛龛；东稍间为通进深空间，后檐安设有通向梵华楼的隔扇门，因此，这一空间作为连接景福宫和后院建筑的通行空间，采用了栏杆罩与东次间做隔而不断的分隔，内部运用几腿罩营造空间的进深感；相较而言，西稍间更为封闭，因其后檐安设床及床罩，为保证休憩空间的静谧，采用了可以完全闭合的碧纱橱与西次间进行分离，空间内部又运用落地罩分隔休与憩的空间，通过视线的遮挡，进一步强化了憩息空间的私密性。（图1-45）

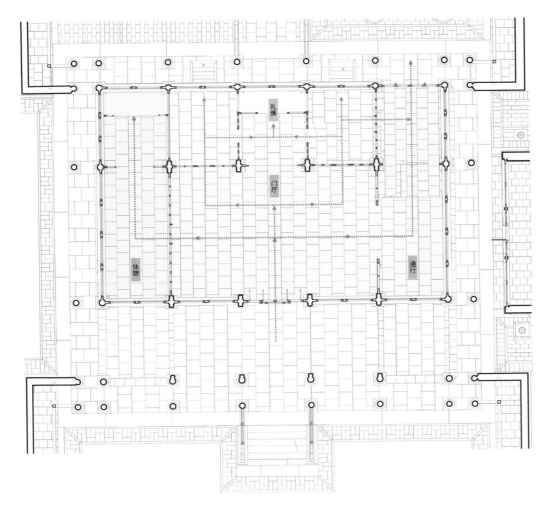

图1-45 景福宫平面流线图（荣幸绘）

①丁观鹏：《太簇始和图》，见《故宫书画图录》（台北故宫博物院藏）。

11. 历史遗迹

（1）室外地面遗迹

景福宫前卷东西稍间轴线上各有两行明显窄于其他方砖的条砖（图1-46），而且条砖对应的柱础连瓣为素面，不作雕刻，故猜测条砖上原应砌有墙体（图1-47）。从清丁观鹏所作《太簇始和图》①可以看出，静怡轩前卷西稍间有槛墙和槛窗（图1-48）。据景福宫仿建静怡轩的事实，景福宫始建时前卷东西稍间条砖上也应有槛墙和槛窗。且景福宫在乾隆年间建成，直至光绪年间才发生大的改动，因此，推测乾隆年间所建景福宫的平面呈倒"凹"字形（图1-49），而现存前卷通敞抱厦的格局应为光绪二十九年（1903年）改建的结果。

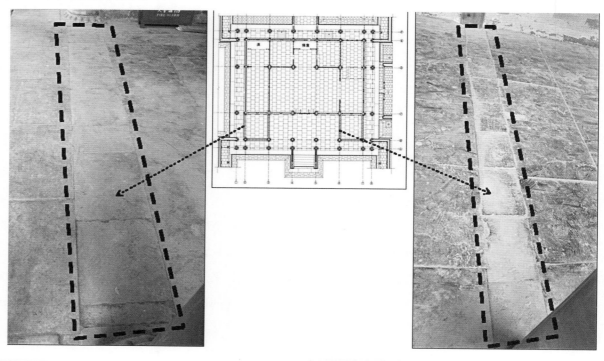

图1-46 前卷东西稍间条砖

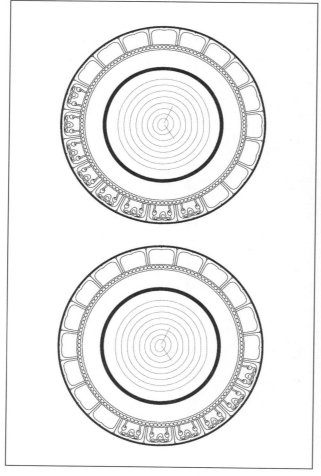

图1-47 柱础2-B（上）、7-B（下）（左）

图1-48 丁观鹏《太簇始和图》中的静怡轩（右）

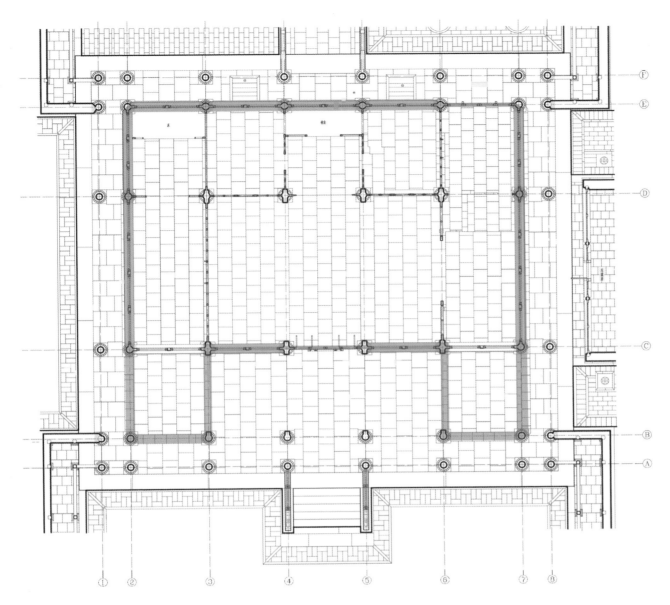

图1-49 乾隆年间景福宫倒"凹"形平面（肖芳芳绘）

在景福宫东西两侧和后檐槛墙下脚外侧，可以看到明显的墙体痕迹，西侧痕迹与槛墙外皮相距1.7cm，东侧相距20.2cm，后檐处相距3.4cm；而且与柱础相交以里的柱顶石并没有打磨（图1-50），应是埋于墙里。因此，推测乾隆年间所建景福宫的槛墙要比现今槛墙靠外一些，光绪二十九年（1903年）修缮时将槛墙整体向内挪移，或将槛墙变窄，仅外皮向内移。①

①还有一种推测，乾隆年间的景福宫东西两侧为山墙，并不是槛墙和支摘窗的形式。

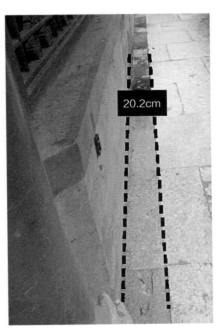

图1-50 东侧槛墙下的遗迹

（2）室内地面遗迹

在现场测绘过程中，我们发现景福宫与内檐装修相关的历史痕迹主要包括地面方砖铺饰遗迹和方砖表面旧有开槽遗迹。其中，方砖铺饰遗迹2处，分别位于中卷东稍间后檐和后卷东稍间西缝。旧有开槽遗迹5处，分别位于中卷东稍间前檐、中卷东稍间东缝、后卷东稍间后檐、后卷东次间东缝和后卷明间西缝（图1-51）。

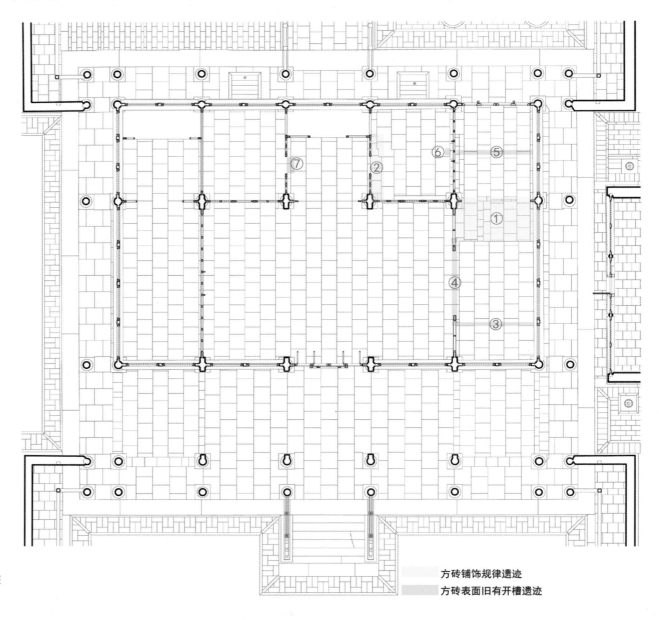

图1-51 景福宫内檐装修遗迹图（荣幸绘）

方砖铺饰规律遗迹
方砖表面旧有开槽遗迹

【室内地面遗迹①】景福宫室内中卷后檐几腿罩南侧地面铺砖不规律，推测此处应是旧有内檐装修遗留痕迹（图1-52）。

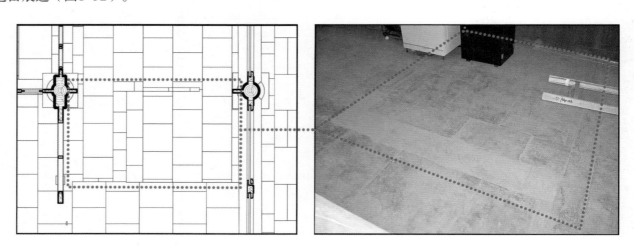

图1-52 室内地面遗迹
①测绘图纸及实物照片

【室内地面遗迹②】景福宫室内后卷明间东缝群墙玻璃隔扇槛窗门口东侧地面铺砖不规律，推测此处应是旧有内檐装修遗留痕迹（图1-53）。

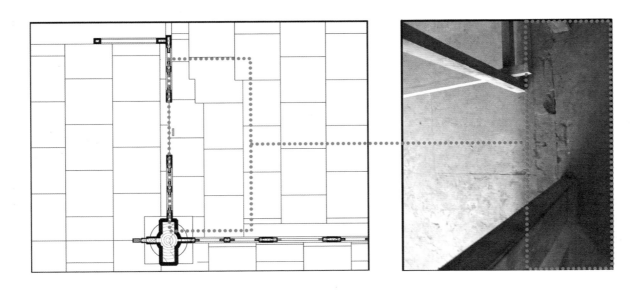

图1-53 室内地面遗迹
②测绘图纸及实物照片

【室内地面遗迹③】景福宫室内中卷东稍间前檐地面铺砖开有两对长方形槽眼，推测此处应是旧有内檐装修遗留痕迹（图1-54）。

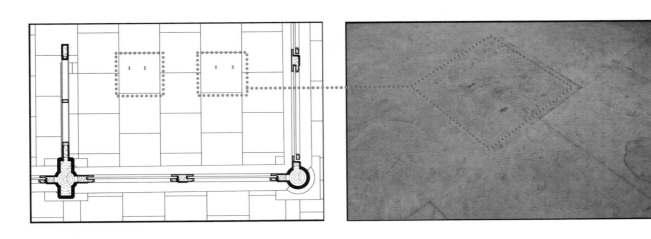

图1-54 室内地面遗迹
③测绘图纸及实物照片

【室内地面遗迹④】景福宫室内中卷东次间东缝栏杆罩进深方向地面铺砖开有一对方形槽眼和一对长方形槽眼，推测此处应是旧有内檐装修遗留痕迹（图1-55）。

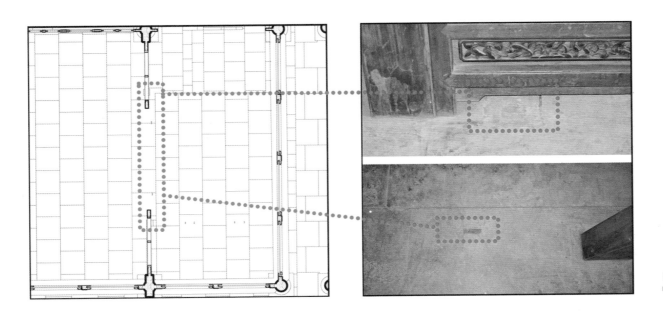

图1-55 室内地面遗迹
④测绘图纸及实物照片

【室内地面遗迹⑤】景福宫室内后卷东稍间后檐地面铺砖开有两对长方形槽眼及靠近山墙的一个方形槽眼，推测此处应是旧有内檐装修遗留痕迹（图1-56）。

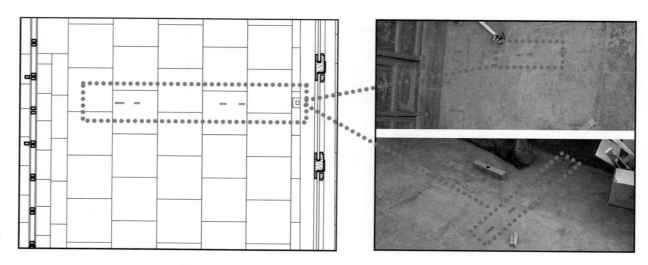

图1-56 室内地面遗迹
⑤测绘图纸及实物照片

【室内地面遗迹⑥】景福宫室内后卷东次间东缝碧纱橱西侧簾架位置地面铺砖开有方形槽眼，推测此处应是旧有内檐装修遗留痕迹（图1-57）。

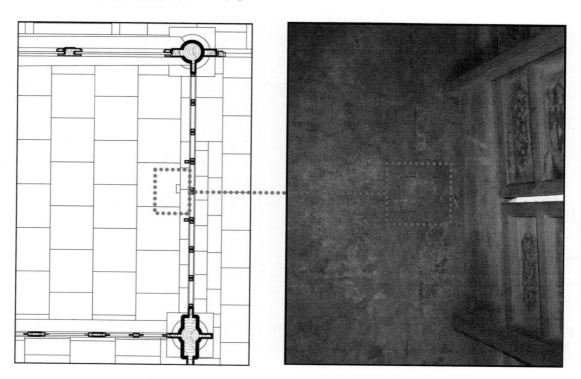

图1-57 室内地面遗迹
⑥测绘图纸及实物照片

【室内地面遗迹⑦】景福宫室内后卷明间东缝群墙玻璃隔扇槛窗门口地面铺砖开有长方形槽眼，推测此处应是旧有内檐装修遗留痕迹（图1-58）。

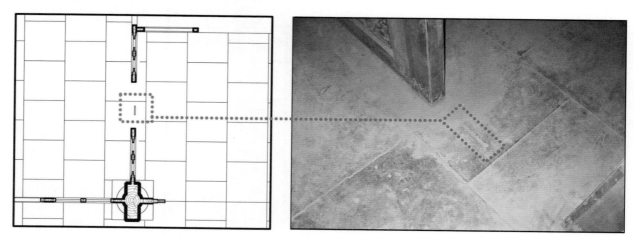

图1-58 室内地面遗迹
⑦测绘图纸及实物照片

12. 结语

通过对景福宫历史档案文献梳理，结合建筑实物测绘，可明确现存景福宫正殿建筑主体结构为乾隆遗构，建筑形制体现了典型的乾隆时期清官式建筑特征。殿内内檐装修为光绪二十九年（1903年）重新安设后的遗物，隔罩装修均位于柱网上，空间结构简洁清晰，符合慈禧对敞亮空间的偏好。作为现存为数不多的清官式三卷殿建筑，景福宫建筑实测数据的公布希望为同类建筑的研究和保护提供切实可靠的数据基础。

第二章　景福宫文物建筑测绘方法

张凤梧　李东遥① 　徐丹② 　吴葱

2015年5月至6月，天津大学建筑学院建筑历史与理论研究所和故宫博物院展开合作，对景福宫进行现场测绘。此次文物建筑测绘按照《文物建筑测绘技术规程》（征求意见稿，以下简称《规程》）③测绘分级中的一级精度要求，结合手工测量与三维激光扫描测量，尽可能全面完整地采集了建筑各位置与构件的数据信息，并分类形成数字化信息表，分析建筑现状残损与变形情况，在综合考量文物建筑信息数据选择代表景福宫建筑基本特征的典型构件进行图纸表达，实践"全面"采集、"典型"再现的文物建筑测绘方法。

一、中国古建筑现代测绘方法回顾与反思

中国已知最早使用现代测绘方法进行测绘的项目是1920年沈理源担任华信工程司建筑师时期主持的杭州胡雪岩故居测绘，绘有《胡雪岩故宅平面略图》，成为后来故居修复的重要依据。对现代中国古建筑测绘影响最大的无疑是1929年成立的中国营造学社。在梁思成、刘敦桢、刘致平等老先生的带领下，自1930年起对华北、江浙、四川进行了大规模古建筑测绘活动，其测绘成果大部分刊登于《中国营造学社汇刊》。20世纪40年代，基泰工程司负责人张镈（自1940年起兼职于天津工商学院建筑系，今天津大学建筑学院前身之一）领导开展了北京中轴线建筑的测绘工作，共完成"图纸360余张，内外照片多帧及手稿"④。

20世纪50年代以来，涉及建筑遗产测绘的单位主要包括建筑史学研究机构、文物保护及考古研究机构以及高等院校，其学术带头人都有营造学社背景或渊源，因而测绘方法也大多沿袭自学社。90年代至今，全站仪、近景摄影测量、三维激光扫描、GPS定位等新型仪器和测绘手段逐渐应用于古建筑测绘当中，为古建筑测绘注入了新的活力，同时也对测绘方式的选择提出了新的课题。

古建筑测绘的采集手段和表达目的是影响成果的关键，这涉及古建筑测绘中的精度和广度。其中精度是测量学术语，反映所得数据精准程度。无论是传统手段还是近年来普及的三维激光扫描和摄影测量，其精度都能满足一般需要和《规程》要求（变形监测中的精密测量除外）。而广度则是我们在实践中总结出来的另一项重要指标，是指利用数据采集和表达文物建筑形体、空间及构部件的空间分布和密集程度。随着采集技术的进步，三维激光扫描和摄影测量能以无接触方式快速得到建筑物内外的大量数据，"逼真"地反应建筑的全貌，大大提高了测绘的广度，突破了传统手段的制约。这也再次引发了一个长期困扰学界的问题，测绘图到底应该画成符合"现状"的样子还是按所谓"法式"进行加工。

这就触及古建筑测绘图表达的目的问题。古建筑测绘图最基本的功能是提供测绘对象的可视化形象和尺寸，而利用测绘图的方式往往是让测绘图充当"底图"，为相关调查研究提供"信息索引框架"，其他各类信息属性以及相关分析、计算，皆可进行标引、附加、链接、整理和修改，形成"专题图

① 天津大学建筑历史与理论方向2016级博士研究生、2014级硕士研究生。

②天津大学建筑历史与理论方向2014级硕士研究生。

③由天津大学、清华大学、东南大学、北京大学、北京工业大学、同济大学起草，2022年通过全国文物保护标准化技术委员会评审，形成报批稿。

④张镈. 我的建筑创作道路 [M]. 天津：天津大学出版社，2011:50-52.

⑤温玉清在其博士论文《二十世纪中国建筑史学研究的历史、观念与方法——中国建筑史学史初探》（2006年天津大学博士论文）中将中国建筑史学研究分为文献考证、田野调查与测绘、对建筑历史研究中的诸多问题进行解释性阐述3个阶段。

纸",如勘察实测图、设计图、竣工图、分析图、表现图等。因此测绘图的角色是底层数据,是信息的索引框架。既然如此,只要能满足相关属性信息标引的需求,底层框架是否需要完美、"忠实"于"现状"?细节微差、变形,甚至缺陷,是否必须要表达出来?这又涉及建筑各部分差异性和规律性的问题。(图2-1)

点云模型可以说在误差范围内"忠实"地表达了所覆盖的每个点的位置,这可以理解成为接近百分之百地表达了对象的差异性。举例来说,同一排柱子,根据实测数据,它们绝对不会严格"对齐"。将柱子中心点连线,得到的一定是折线,形成的柱网也不可能是正交的矩形网格。这又牵涉到古建筑测绘的另一项重要目的:寻找潜在的规律性,还原建筑的设计和建造逻辑。因此,只要位置差异没有超出一定限度,还是会把柱网理解为正交对齐的,如果按这种理解去作图,则可称之为表达建筑的"规律性"。记录差异性和记录规律性构成一对矛盾,实践中需要两者之间的平衡,寻找差异性和规律性之间的"最优解"。

总而言之,在技术手段突破广度制约后,测绘的目的导向成为重要考量因素,从建筑历史研究和遗产保护实践需求看,古建筑测绘图反映建造规律和形制特征,为后续利用提供详实的索引框架,是测绘的根本目的。当然不同的实践需求是多元的,这也是《规程》规定了全面测绘、典型测绘和简略测绘等广度分级及其适用性的意义。

基于以上分析,天津大学建筑历史与理论研究所希望通过此次故宫景福宫测绘成果对古建筑测绘的方法,尤其是测量和数据选取以及数据数字化的方法进行初步探索,以期找到一种更适于中国古建筑测绘的方法。

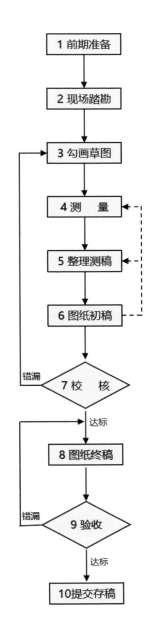

图2-1 天津大学测绘流程图

二、景福宫测绘方法

(一)景福宫正殿测量方案

本次景福宫实测方案是基于景福宫建筑特点和现有测绘手段设计的,对不同类型的数据尺寸采用不同的测绘手段和测量方式,尽可能地提高测绘精度和全面采集数据。

具体测量方法包括手工测量、全站仪、三维激光扫描仪以及手持扫描仪等方法。手工测量主要应用于柱脚面阔进深尺寸以及各类构件尺寸,三维激光扫描仪则用于对建筑进行全面扫描,手持扫描仪主要应用于建筑内檐装修细部。

根据古建筑基本特征,可以将需要测绘的数据分为控制性尺寸和构件尺寸两大类,即可以理解为在三维坐标系中,古建筑的控制性尺寸为不同构件之间在三轴方向上的相对距离。据以往测绘经验,三维扫描测量在较长的控制性尺寸测量以及手工不易测量的部分具有优势,而手工测量在小型构件以及三维扫描测量遮挡严重的部分具有优势,本次测绘也大体据此选取测绘手段。现将需要测绘之数据的具体分类以及对应各种测量手段的优劣和选择汇总，见表2-1（如未特殊说明即为所有类似尺寸或构件全部测量）。

表2-1　测绘数据与测绘方案对照表

需要测绘的数据类型			测量方案选择
控制性尺寸	平面	柱头平面面阔、进深	三维扫描测量，取拟合圆中心线间距
		柱脚平面面阔、进深	手工连续读数测量无墙遮挡部分（图2-2），三维扫描全部测量取拟合圆中心线间距
		台基通面阔、进深	
		柱础平面面阔、进深	手工测量础方中线，三维扫描测量鼓径中线
		散水、踏跺等控制尺寸	手工测量
控制性尺寸	梁架	举架尺寸（檩心水平距、檩下皮垂直距离）	三维扫描测量，部分遮挡严重部分之举高手工补测
		梁架上下间距	手工测量
		斗栱朵当距	三维扫描测量
	屋顶	屋顶平面控制尺寸	三维扫描测量
构件尺寸	柱子	柱高	三维扫描测量
		柱底径	手工测量
		柱头径	三维扫描测量
		柱础、柱顶石	手工测量
	梁架	梁、檩、垫板、枋断面	手工测量，难以测量部分三维扫描测量补测
		梁头出头长、断面	手工测量
		梁总长	三维扫描测量
		椽子、飞椽等	手工测量，在建筑不同方向选取保存完好的5组进行测量
	斗栱	斗口、材高	手工测量
		2种平身科、2种柱头科、1种角科	每种斗栱选取1~2个保存完好者，全面手工测量（图2-3）
	小木	内檐装修（门窗、隔扇）	手工测量，细节部分手持扫描仪测量并拓样，总尺寸与三维扫描校核
		天花　间距	三维扫描测量
		天花　构件	手工测量，选取1组便于拆卸者测量
	屋顶	瓦当、滴水	对每一个进行拍照并按照尺寸和纹样等分类，每一类别测量1组（图2-4）
		钉帽、筒瓦、脊构件	手工测量，每种选5组
		屋顶小兽	手工测量选取的1组之控制尺寸，拍照

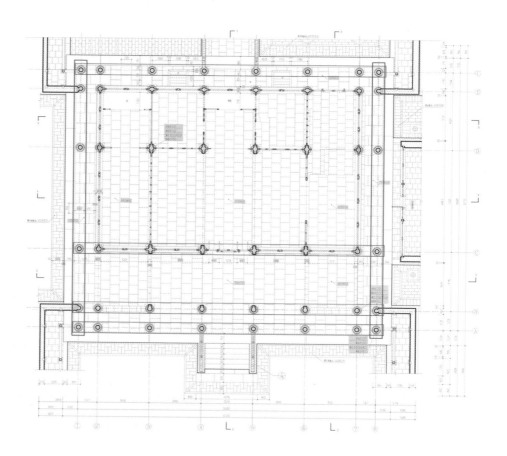

图2-2　手工测量建筑平面面阔进深位置示意图（红色为面阔，蓝色为进深）

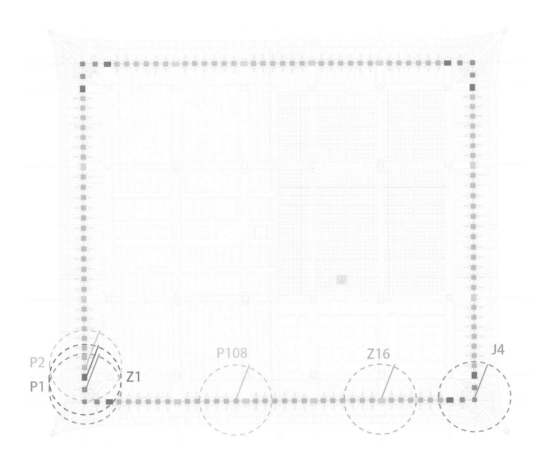

图2-3 测绘斗栱选取
位置示意图

图2-4 瓦当与滴水种类

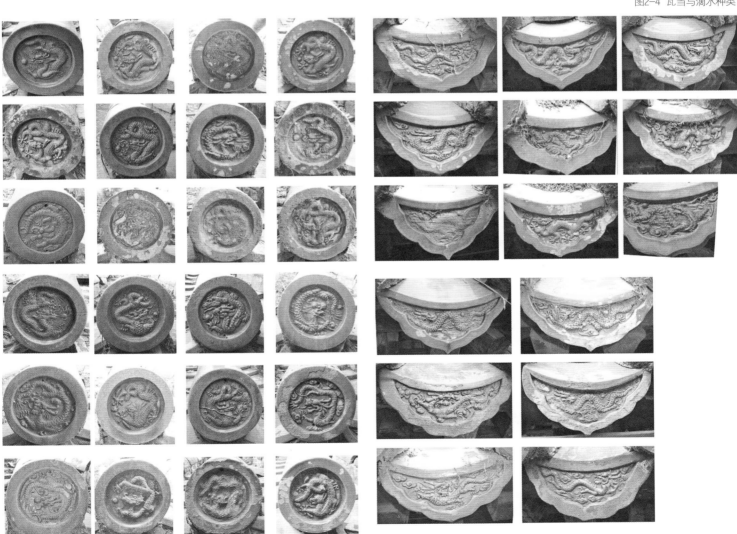

（二）测量数据表的编制

景福宫测量数据表分为控制性尺寸数据表与构件尺寸数据表两大类。其中控制性尺寸数据表按类型分为台基、柱网、梁架、翼角四部分，构件尺寸数据表按内容分为柱础，柱，梁、檩、垫、枋，斗栱，瓦面构件五部分。

如表2-2、表2-3所示，控制性尺寸点云测量数据居多，构件尺寸手工测量数据居多，体现了"大处点云，小处用人"的衔接方式。

表2-2　控制性尺寸数据表分类表

序号	类别		测量对象	测量内容	测量方式	
1	台基		面阔与进深方向各柱列对应的台基	下檐出、台明总长、总宽	面阔方向	手测：柱列A、B、C、F 点云：柱列A、B、C、D、E、F
					进深方向	手测：柱列①、⑧ 点云：柱列①、②、③、④、⑤、⑥、⑦、⑧
2	柱网	柱础值	48个柱础	柱础中心在面阔与进深方向的间距	面阔方向	手测：柱列A、B、C、F 点云：柱列A、B、C、D、E、F
					进深方向	手测：柱列①、⑧ 点云：柱列①、②、③、④、⑤、⑥、⑦、⑧
		柱脚值	48个柱脚	柱脚中心在面阔与进深方向的间距	面阔方向	手测：柱列A、B、F 点云：柱列A、B、C、D、E、F
					进深方向	手测：柱列①、⑧ 点云：柱列①、②、③、④、⑤、⑥、⑦、⑧
		柱头值	48个柱头	柱头中心在面阔与进深方向的间距	面阔方向	点云：柱列A、B、C、D、E、F
					进深方向	点云：柱列①、②、③、④、⑤、⑥、⑦、⑧
3	梁架	步架举架	檩下皮	各步架深、举高、举度	点云	
		标高	梁下皮	各梁下皮标高	点云	
4	翼角		4个翼角	翼角的"冲"与"翘"	点云	

表2-3　构件尺寸数据表分类表

序号	类别	测量对象	测量内容	测量方式
1	柱础	48个柱础	鼓径、础方、柱础高	手测
2	柱	48个柱	柱底径、柱头径、柱高、侧脚	柱底径：手测+点云 柱头径：点云 柱高：点云
3	梁、檩、垫、枋等	各梁、檩、垫、枋等	梁：高、厚、抹角、梁头截面 檩：檩径、檩高、平水、至垫板距离 垫板：高、宽、抹角、至檩径距离 枋：高、宽、抹角、至檩径距离	点云：后卷东次间、东稍间① 手测：其他
4	斗栱	144个斗栱	120个平身科斗口尺寸 Z1、Z16、J4、P1、P2、P108细部尺寸	手测
5	瓦面构件	勾头、滴水	24种勾头龙纹，15种滴水龙纹	正射影像

①因后卷东次间天花坍塌，不适宜手工测量，故后卷东次间、东稍间选取点云数据。

（三）景福宫现状实测数据分析

基于以上测量方案以及整理测绘数据所得数据表，对景福宫正殿现状进行分析。限于篇幅，本小节主要展现不同的分析方法，每种方法举例说明，其余则列出结论。根据上述数据分类，本小节也分为控制性尺寸分析和构件尺寸分析。

1.控制性尺寸分析

本文中控制性尺寸分析分为平面柱网尺寸分析和梁架大木控制性尺寸分析两部分，其中梁架大木控制性尺寸涉及数据较多，主要以檩心距与柱心距对比、前卷梁架标高、中卷举架与步架为例。

1）平面柱网尺寸分析

平面柱网分析分为柱底值和柱头值两部分，此外根据景福宫建筑自身特点，即周围廊形式，可将其看作金柱列和檐柱列两个体系，因而在对其平面柱网尺寸进行分析时分为通面阔、进深与金柱列面阔、进深两个层面来讨论，以找到现状变形出现在金柱还是檐柱。

从柱底值通面阔与进深来看：在面阔方向，前檐柱底相对稳定，偏移较小；进深方向，中间柱列④和⑤的柱底相对稳定，偏移较小（图2-5）。但是对比金柱列的通面阔与进深，可以发现在面阔与进深变化趋势上金柱列与檐柱列并不相同：金柱列面阔相差最大者不超过10mm，显然面阔方向上产生偏差的地方在檐柱与金柱之间亦即周围廊上；而金柱列进深与檐柱列通进深变化趋势基本相同（图2-6）。

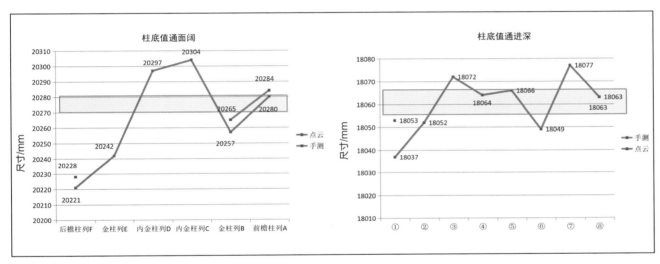

图2-5 建筑柱底值通面阔、进深尺寸分析

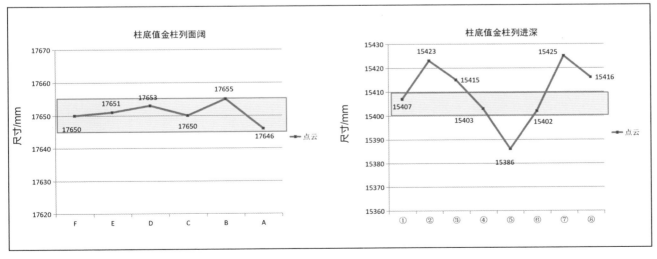

图-2-6 建筑柱底值金柱列通面阔、进深尺寸分析

从柱头值通面阔与进深来看，与柱底值变化趋势不同，面阔方向从后檐至前檐逐渐降低，进深方向上趋势与柱底值同，但东稍间峰值更高（图2-7）。柱头值金柱列通面阔与进深与整体趋势基本一致（图2-8）。

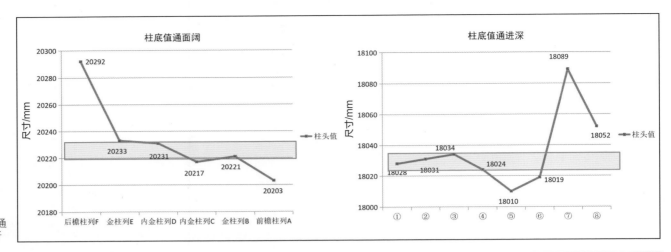

图2-7 建筑柱头值通面阔、进深尺寸分析

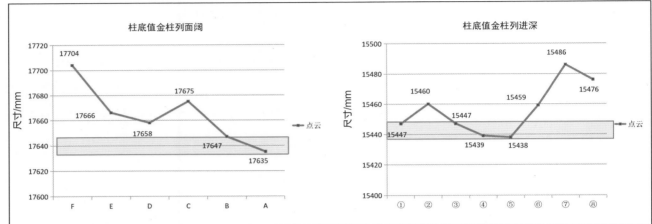

图2-8 建筑柱头值金柱列通面阔、进深尺寸分析

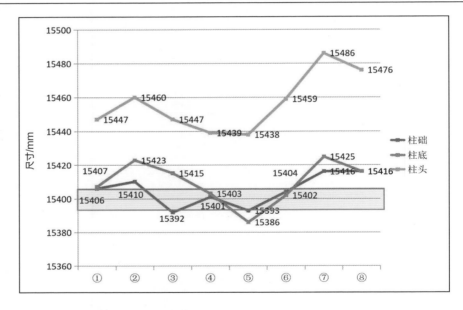

图2-9 金柱列通面阔、进深之柱础、柱底、柱头三者比较

基于以上分析可知，柱底值在金柱列和通进深所产生的变化趋势不同，并不是由于柱头值的变化而产生，而是由于柱底本身。从图2-9可以看出，金柱列柱头进深值全部大于柱底进深值，而并不是我们所认知那般近似相等，而这一点在梁架横剖面的点云切片上也可以看出。结合现场的部分痕迹我们推测景福宫柱头向外移动过或是柱底向内移动过，而后者可能性更大。

综合以上分析，景福宫平面控制性尺寸选取如下。

面阔方向：前檐台基和柱子变形较中间和后檐较小，故以柱列A为"典型"；

进深方向：柱列⑤的台基和柱子变形相对较轻，故以柱列⑤为"典型"。

2）梁架大木控制性尺寸分析

台基的不均匀沉降、柱脚糟朽、长期失修等原因导致了景福宫梁架倾斜、变形，构件也伴有松散、移位、拔榫等现象。个别木构件本身也存在受压错动、劈裂、腐朽、虫蛀、歪闪、松动等情况。

为量化景福宫梁架整体情况，对残损、变形情况通过数据进行直观的了解与分析，方便"典型"数据的选取，在对梁架数据整理的基础上，对檩与柱头关系、梁架标高（以前卷为例）、举架与步架尺寸（以中卷为例）进行分析。

首先，在檩与柱头关系方面，通过观察点云发现，步架总长有大于进深总长的趋势，整理实测数据（表2-4），得出从西稍间西缝至东稍间东缝这六榀梁架的步架总长与三卷进深总长的差值分别为59、59、61、52、-7、22，此数据有效证明步架总长普遍大于三卷进深总长，即檩心距普遍大于柱头心距，与柱头中心并不在同一垂线上。

表2-4　檩心与柱头中心关系　　　　　　　　　　　　　　　　　　单位：mm

	西稍间西缝	西次间西缝	明间西缝	明间东缝	东次间东缝	东稍间东缝
步架总长（檩心）	15511	15506	15500	15491	15453	15508
三卷进深总长（柱头中心）	15452	15447	15439	15439	15460	15486
差值	59	59	61	52	-7	22

其次，在梁架标高方面，本小组通过测量点云采集相应数据，结果见表2-5。

表2-5　梁架标高数据　　　　　　　　　　　　　　　　　　单位：mm

位置	构件位置	西稍间西缝	西次间西缝	明间西缝	明间东缝	东次间东缝	东稍间东缝
前卷	月梁下皮	5569	5585	5558	5568	5586	5565
	四架梁下皮	4595	4607	4587	4592	4599	4594
中卷	月梁下皮	6565	6525	6508	6571	6536	6563
	四架梁下皮	5511	5490	5449	5501	5487	5513
	六架梁下皮	4592	4584	4585	4582	4588	4593
后卷	月梁下皮	5590	5589	5585	5586	5587	5579
	四架梁下皮	4611	4595	4601	4607	4598	4600

以前卷梁架为例，如图2-10所示，可知前卷各缝月梁标高变化趋势与四架梁基本一致，数据在东次间东缝与西次间西缝处出现峰值，在明间西缝出现谷值，东稍间东缝数值偏低。究其原因，东次间东缝脊瓜柱较其他几缝高出约30mm，故其月梁标高较高；明间西缝脊瓜柱歪闪，且四架梁受压下弯，故其梁架标高较低；东稍间东缝挑尖梁前端下沉，并由此导致梁架轴线分别向偏移，故梁架标高较低。

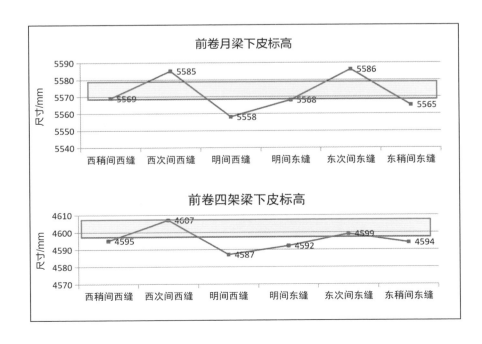

图2-10　前卷梁架标高尺寸分析

再者，在步架与举架尺寸方面，以中卷为例逐一分析下金步、上金步及顶部架深3部分（表2-6）。

表2-6　中卷步架、举架数据表　　　　　　　　单位：mm

位置	中卷下金步（南）			中卷上金步（南）			中卷顶步	中卷上金步（北）			中卷下金步（北）		
	架深	举高	举度	架深	举高	举度	架深	架深	举高	举度	架深	举高	举度
西稍间西缝	1535	875	0.57	1505	1074	0.71	1045	1486	1062	0.71	1528	867	0.57
西次间西缝	1551	810	0.52	1527	1054	0.69	989	1504	1046	0.70	1549	858	0.55
明间西缝	1542	840	0.54	1514	1041	0.69	999	1522	1056	0.69	1549	830	0.54
明间东缝	1524	888	0.58	1503	1059	0.70	1004	1528	1069	0.70	1546	876	0.57
东次间东缝	1544	846	0.55	1492	1051	0.70	989	1547	1062	0.69	1520	858	0.56
东稍间东缝	1534	876	0.57	1507	1072	0.71	1046	1482	1059	0.71	1527	879	0.58

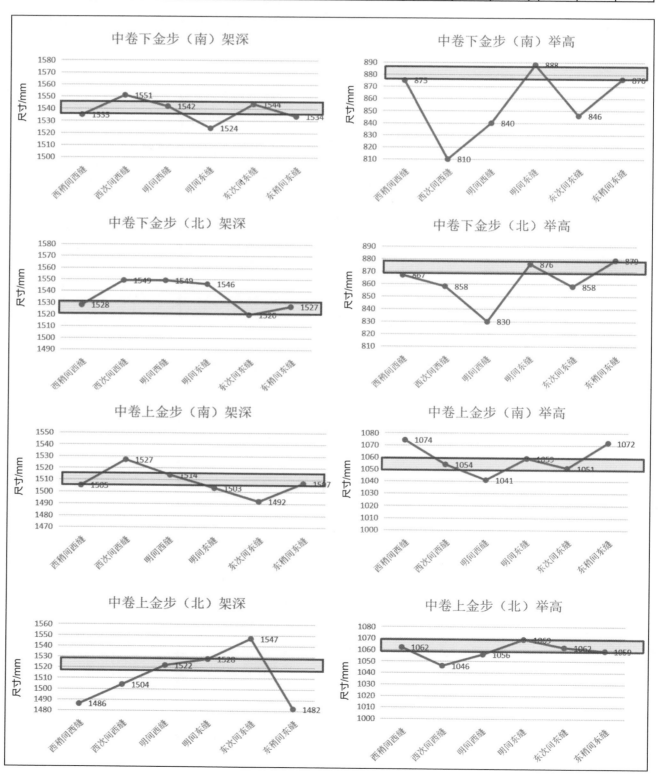

图2-11　中卷步架、
举架尺寸分析

在中卷下金步梁架中（图2-11），明间西、西次间本身金瓜柱较低，且六架梁下弯明显，东次间六架梁下弯明显，故举高较小。明间东缝南上金檩向外滚，故南侧架深较小。西次间、明间东、西缝北侧下金檩向北滚，故北侧架深较大。

在中卷上金步梁架中（图2-11），西稍间脊瓜柱较高，东稍间檩椀较浅，故举高较高。明间西缝脊瓜柱较矮，故举高较低。东次间南脊檩向外滚，故南侧架深较小。东次间北脊檩向南滚，故北侧架深较大，东、西稍间北脊檩向北滚，故北侧架深较小。

在中卷顶步架中，东、西稍间两脊檩均向外翻，造成架深较长。

对前卷与后卷梁架的分析与上述方法相同。

前卷：东次间挑尖梁倾斜较其他缝倾斜程度较严重，檐步举高、架深数值较大。明间西缝由于四架梁下弯，上部檩下沉，故下金步举高较短；东、西次间同样情况。由于西次间南脊檩向内滚，下金步南较长，顶步较短；西稍间、东稍间北由于脊檩向内滚，下金步较长。

后卷：东、西次间脊瓜柱向外倾斜，下金步（南）架深较小；北侧情况较好，无特殊变形或滚动情况；东、西次间檩椀较浅，两侧下金步举高均较高。东、西稍间下金檩向南滚，檐步架深较大；明间西下金檩向北滚，檐步架深较小。顶步情况较好，无特殊变形或滚动情况。

综上所述，将景福宫梁架各构件残损变形情况总结如下（图2-12）：景福宫大木梁架结构中，"梁"的问题多为受压变形，错动或下弯，导致竖直方向（举高）数值的变化。"檩"的问题多为不同程度的翻滚，导致水平方向（架深）数值的变化。在六榀梁架中，明间东缝梁架的变形、损毁情况最轻，东次间东缝与西次间西缝变形、损毁情况最严重，故景福宫梁架控制性尺寸选取明间东缝作为"典型"。

2. 构件尺寸分析

本次测绘对所有构件数据进行采集并汇制数据表，构件按大类可分为柱础、柱、梁檩枋、斗栱、瓦面等部分。由于篇幅有限，本文选择梁檩枋及斗栱这两部分进行介绍。

1）梁、檩、枋

以中卷为例，构件自上而下可分为月梁、脊檩、脊垫板、脊枋、脊瓜柱、四架梁、金檩、金枋、金瓜柱、六架梁、檐檩、檐垫板、檐枋等。

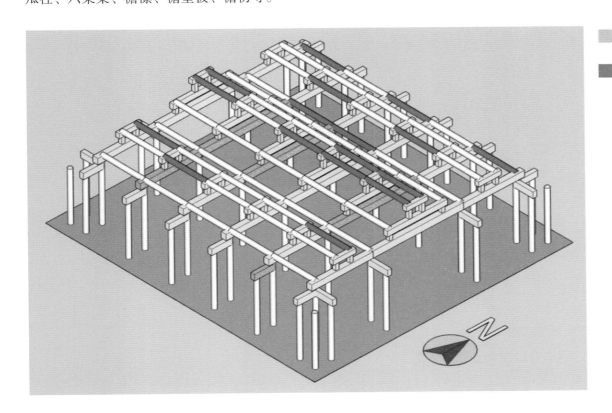

■ 梁
■ 檩

图2-12 景福宫问题梁架一览图

每一个构件尺寸又进行细分列表（表2-7）。檩类主要记录檩径、檩高、平水等数据；垫板类主要记录高、宽、抹角、外皮至檩径距离等数据；枋类主要记录高、宽、抹角、外皮至檩径距离等数据；柱类主要记录高、宽、厚、抹角等数据；梁类主要记录梁身高、厚、抹角，梁头高、至檩距离、截面宽等数据。

因梁架控制性尺寸选取明间东缝作为"典型"，故如无特殊变形情况，构件尺寸也以明间东缝作为"典型"。

2）斗栱

景福宫斗栱可分为5种，其中平身科2种（120个平身科斗口尺寸均手工测量并录入数据表）、柱头科2种、角科1种（其选取位置见图2-3）。其中除第一种平身科选取2组测量（背立面三幅云形制部分有差异）外均选取1组进行测量，合计6组。斗栱的测量主要分为设计模数尺寸（斗口、材高和搜架间距）和构件尺寸两种，"典型"斗栱主要依据设计模数尺寸而定。

设计模数尺寸之斗口（图2-13）和材高、搜架间距（表2-8）统计如下。可见斗口数据分布在63~73mm之间，以68~69mm最多，故斗口尺寸定为69mm；单材高应在84mm左右，而足材高在120mm左右，内外搜架距离近乎相同，在210mm左右。根据以上设计模数尺寸数据所反应的特征，选取P108作为"典型"斗栱，其余斗栱相同形制、位置的构件与其取平，差异较大者仍按其原始测绘数据（以坐斗为例，其原始数据及调整见表2-9）。

表2-7 中卷构件数据表（部分）　　单位：mm

构件名称		西稍间西缝北侧		西稍间西缝南侧	
		测量值	点云值	测量值	点云值
脊檩	檩径	332	331	328	332
	檩高	313		306	
	上平水				
	下平水	108	122	101	114
	下平水距垫板距离(北)	18		49	
	下平水距垫板距离(南)			17	
脊垫板	高 垫板高	208	209	204	209
	抹角（上）	0	0	45	
	抹角（下）	0	0	0	
	宽 垫板宽	60	61	55	51
	抹角（北）	0	0	0	
	抹角（南）	0	0	16	
	外皮至檩径 水平距离（北）	146		151	137
	水平距离（南）	124		141	142
脊枋	上皮 至垫板外皮宽（北）	82		89	
	至垫板外皮宽（南）	76		95	
	抹角（北）	21		23	
	抹角（南）	24		25	
	下皮 枋宽(总)	218		216	
	抹角（北）	15		19	
	抹角（南）	33		28	
	高 枋高（总）	272	271	280	282
	抹角（上）	19		15	
	抹角（下）	34		25	
	外皮至檩径 水平距离（北）	63	102	69	66
	水平距离（南）	99	11	38	46
脊瓜柱	柱高 柱高	703	715	693	715
	柱宽 柱宽（总）		290	283	282
	抹角（北）			40	
	抹角（南）			26	
	柱厚 柱厚（总）	240	258	240	
	抹角（东）	26		26	
	抹角（西）	33		33	
月梁	梁身 梁高	352	354	352	385
	梁厚	271	267	271	
	弧高（上）	92		92	
	抹角高（下）	72		72	
	抹角宽（东）	47		47	
	抹角宽（西）	86		86	
	梁头 梁头高	306	310	316	
	上长（至檩）	177		158	
	中长（至垫板）	264		317	
	下长（至瓜柱）	202		212	
	截面宽	268		274	

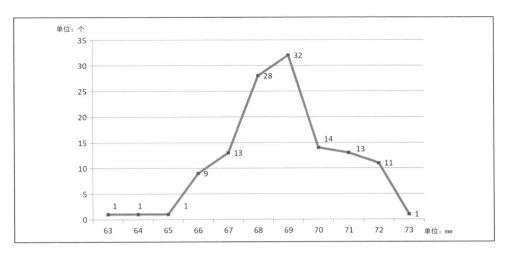

图2-13 景福宫斗口
尺寸分布图

表2-8 斗栱材高、拽架间距数据表　　　　单位：mm

斗栱编号	斗口①	材高		拽架间距	
		单材高	足材高	外拽架间距	内拽架间距
P1	68	86	120	208	209
P2	69	85	133	211	217
P108	69	84	121	210	205
J4	71	79	120	225	208
Z1	191	84	140	215	无
Z16	186	82	145	194	无

表2-9 坐斗尺寸数据表　　　　单位：mm

数据名称	P1	P2	P108	Z1	Z16	J4	数据选取及调整				
							平身科1	平身科2	角科	柱头科1	柱头科2
总高	120	122	125	122	99	121	125				
斗耳高	52	51	51	63	49	53	50				
斗欹高	49	48	56	44	25	41	50				
总长	212	214	212	314	319	223	212			319	
总长	228	211	217	234	231	222	228				

3. 小结

综上所述，景福宫控制性尺寸：面阔方向选取柱列A、进深方向选取柱列⑤、梁架选取明间东缝、翼角选取东南翼角作为"典型"。

构件尺寸：梁架构件选取明间东缝、斗栱选取P108作为"典型"。

其他：石作（柱础、踏跺、栏杆）、屋面琉璃作（瓦当、滴水、吻兽、跑兽等）按类别选取"典型"。

三、景福宫测绘方法总结

依照上述分析，景福宫文物建筑测绘实践了"全面"采集，"典型"再现测绘方法：即在全面测绘（数据采集基本覆盖建筑各部件与构件）的基础上，整理测绘数据表记录测绘原始数据，以数据分析图为主要手段量化建筑现状信息（残损和变形情况），直观地反映建筑整体情况，以此为基础选取代表建筑基本特征的典型控制性尺寸和构件进行再现，揭示文物建筑的设计规律。

最终，通过典型测绘图和测绘原始数据表完整展现文物建筑全貌，全面表达文物建筑信息，为中国建筑历史研究与建筑遗产保护提供有力支撑。

第二章　景福宫文物建筑测绘方法

①斗口一般指平身科坐斗向外一面的开口尺寸，这里为叙述方便，将角科和柱头科同一位置尺寸一并称之。

第三章　景福宫三维激光扫描测绘技术方法与流程

白成军

一、古建筑测绘技术基本背景

古建筑测绘的基本目的是：准确、详尽记录古建筑各部分几何尺寸大小、空间位置及状态、各构件之间的联结关系以及残损形变情况，为古建筑档案保存、研究、修缮设计等工作提供最基础的数据资料。

进入21世纪，三维激光扫描技术的出现实现了测量技术的变革性突破，"非接触""高密度"的数据采集特点，使其在古建筑测绘方面得到了普及性应用。

本项目采用传统精密测量仪器对景福宫组群建筑（图3-1）进行控制测量，利用三维激光扫描技术结合数字摄影测量技术完成建筑的细部测绘，最终基于三维激光扫描的点云成果、正射影像图等绘制建筑二维线画图、生成建筑模型。

图3-1 景福宫组群建筑

a　景福宫

c　游廊

b　景福门

d　东值房

二、测绘需求解析

（一）测绘基本需求

三维激光扫描的覆盖面：除隐蔽部位以及构件相互遮挡严重的部位外，三维激光扫描技术应完整采集建筑空间数据，配合贴图照片拍摄，最终完整表现建筑的保存现状。

三维激光扫描测绘标准：三维激光扫描的成果内容包括表达建筑室内外空间完整的点云模型，并生成建筑各方向立面、各榀梁架剖面、室内装修立面、重要纹样立面、室内装修立面的正射影像图。

原始点云成果标准：为检查校核，需提供原始点云模型与现场扫描信息，点云文件的属性信息至少应包括文件名称（按照规范命名规则命名）、扫描仪机型、标志物说明、扫描参数（分辨率设置等）、扫描说明、站数、打开方式、文件大小（单位：G）、文件格式（为设备自有格式）、扫描单位、扫描人员、扫描日期等。

成果点云提交标准：成果点云文件应为.pts 或 .asc格式，每个成果点云文件应包含属性信息，属性信息应至少包括文件名称、点云类型（黑白点云、彩色点云）、部位描述、文件格式、文件大小（单位：G）、打开方式、制作单位、制作人、制作日期等。

（二）测绘需求分解

根据测绘内容及测绘对象的特点，本项测绘应包括如下几个部分：①在景福宫院落及室内、外布设平面及高程控制点；②利用精密全站仪及精密水准仪按照导线测量及水准测量的方式，完成平面及高程控制网的测量；③基于故宫已有控制点，完成景福宫控制网与故宫控制网的联测；④根据扫描需要布设拼接标靶（采用墙上纸标靶），并利用已有控制点测定拼接点坐标；⑤逐站完成各部位精细扫描，同时采集扫描对象的纹理信息；⑥利用随机点云处理软件完成各站扫描点云的去噪，删除杂点及不需要的点云；⑦基于拼接点坐标，利用点云拼接软件完成各部位点云拼接；⑧利用点云处理软件，生成各建筑及建筑群的平面、立面、剖面、屋顶平面、细部大样等灰度图像。

三、测绘精度设计

（一）精度设计依据

本项目依据测绘目的、要求，本着经济、合理、储备的原则，依据《文物建筑测绘规程》（天津大学编写）确定各项工作的精度控制指标。

（二）总体精度指标

依照精度设计依据，本项目按照《文物建筑测绘规程》中"二级"标准实施。具体如下。

（1）总图测绘精度要求。总图测量中图根平面控制测量点位中误差应小于图上0.1mm，细部点相对于图根点点位中误差应小于图上0.3mm。（如：常用建筑组群总平面成图比例尺为1:500及1:200，则对应的图根平面控制测量精度和碎部点平面测量精度分别为50mm、150mm和20mm、60mm。图根高程测量采用水准测量的方式，高程中误差小于基本等高距的0.1倍；总图上大于图上0.4mm的地物均进行测绘，高程变化范围大于1/2基本等高距的地貌应绘制等高线。

考虑到景福宫组群面积较小，总平面图采用1:200比例尺绘制，依照上述精度设计，经换算，各项精度控制指标如表3-1。

（2）建筑单体测绘精度要求。单体建筑测量中测量点位中误差小于图上0.1mm（常用建筑单体平、

表3-1　景福宫总平面图测绘精度指标表

内容	精度指标	
控制测量	图根点点位中误差（mm）	图根点高程中误差（mm）
	±20	±10
细部测量	图根点点位中误差（mm）	图根点高程中误差（mm）
	±60	±30

立、剖面采用1∶50或1∶20绘图比例尺，则点位中误差分别为 ±5mm和±2mm）。

对于单独构件的尺寸数据，如采用手工钢尺量距或从三维激光扫描、近景摄影测量等点云模型上量取时，应遵循：两次测量读数较差应不超过（$3 + 0.001L$）mm（L为被测长度），同时各分段测量值之和与一次测量值之和之差不超过 $0.004\sum Li$（Li为各分段测量值）的规定。

四、测绘实施

（一）遵循的规范、标准

（1）《保护世界文化及自然遗产公约》（1972年）；

（2）《实行保护世界文化和自然遗产公约操作指南》（2005年）；

（3）《国际古迹保护与修复宪章》（1964年）；

（4）《中华人民共和国文物保护法》（2002年）；

（5）《中华人民共和国文物保护法实施条例》（2003年）；

（6）《世界文化遗产保护管理办法》（2006年）；

（7）《中国世界文化遗产监测巡视管理办法》（2006年）；

（8）《中国文物古迹保护准则》（2000年）；

（9）《古迹、建筑群和遗址的记录准则》（2003年）；

（10）《中华人民共和国危险房屋鉴定标准》（2003年）；

（11）《历史文化名城名镇名村保护条例》（国务院，2008年）；

（12）《国家三、四等水准测量规范》（GB12897—91）；

（13）《工程测量规范》（GB 50026—2007）；

（14）《建筑变形测量规范》（JGJ 8—2007）；

（15）《精密工程测量规范》（GB/T15314—94）；

（16）《建筑地基基础设计规范》（GB 50007—2011）；

（17）《中国世界文化遗产监测技术规程》（待发布）；

（18）《建筑防火设计规范》（GB50016—2014）；

（19）《中国世界文化遗产监测预警体系建设规划》（2012—2020年）；

（20）《中国世界文化遗产监测预警指标体系》；

（21）《文物建筑测绘规程》（天津大学2013年编制）；

（22）《三维激光扫描测绘操作手册》（2010年天津大学编制，内部资料）。

（二）控制测量

1.测量坐标系和起算数据

本项目采用北京故宫博物院专用坐标系，起算数据由故宫博物院提供，起算点为普通测量标志点，起算点位于宁寿宫宫墙北侧及西侧路边（位置如图3-2中），起算数据如表3-2。

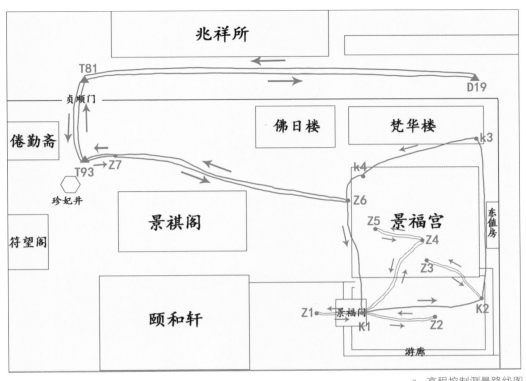

a 高程控制测量路线图

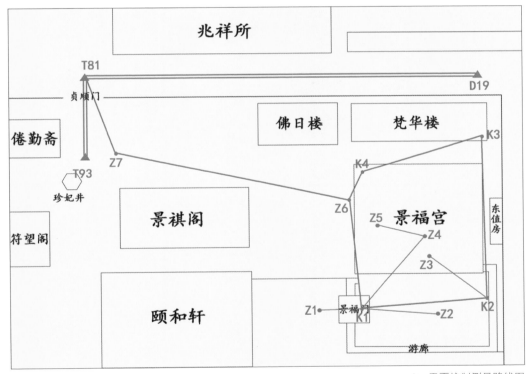

b 平面控制测量路线图

图3-2 控制点位置及控制网构成

表3-2 已知控制点资料（起算数据）　　　　　　　　　　　　单位：m

点号	X坐标值	Y坐标值	Z坐标值	位置描述
D19	306071.429	503749.672	45.6360	宁寿宫宫墙北侧
T81	306070.507	503666.723	45.8510	宁寿宫宫墙西北侧
T93	306040.6820	503669.564	45.9000	宁寿宫宫墙西侧

2. 控制点布设及联系测量

在扫描测绘区域共布设控制点11个，控制点兼作平面及高程控制点，共同构成本项目测量控制网。

14个控制点及已知点（D19、T81、T93）共构成1条闭合导线（闭合水准路线）及若干条附合导线（附合水准路线）及若干支导线（支水准路线）（图3-2）。

相邻导线（或水准路线）间以主导线（主水准路线）作为次级导线（次级水准路线）的起算数据。

联系测量中平面联系测量采用一级全站仪精密导线的方式，所用仪器为徕卡TS30全站仪；高程联系测量采用四等水准测量标准，所用仪器为天宝DiNi03精密数字水准仪。

3. 控制测量

1）精密导线测量

主导线及支各导线采用徕卡TS30全站仪（图3-3）进行测量，测量前对仪器进行全方位检验、检校，测量时严格对中、整平。为满足前述的精度标准，精密导线测量依据表3-3的规定执行。其中，精密导线边长测量往返各测两个测回，每测回间重新瞄准目标进行读数。读数互差小于0.5mm、往返测平均值互差小于1mm时，取均值作为测量值。水平角测量采用测回法观测，每个角度两测回观测，符合指标要求后取平均值作为角度观测值。导线测量成果见表3-4和表3-5中。

图3-3 全站仪精密导线测量

表3-3 导线测量主要技术要求

指标序号	指标	控制值
1	附合路线长度	≤15km
2	视线长度	≤80m
3	前后视较差	≤5m
4	前后视累积差	≤10m
5	观测方法	中丝读数
6	视线高度	三丝能读数
7	闭合差	±6（n为测站数）

表3-4 景福宫主导线（网）控制测量成果表

景福宫平面控制网主导线测量成果（闭合导线）			
测量日期	2015年5月11日		
测量成果	点号	X(m)	Y(m)
	K1	306026.0228	503725.2314
	K2	306029.0540	503744.9387
	K3	306057.9490	503743.5492
	K4	306050.4963	503724.9972
成果精度评价	导线形式	闭合导线	
	测站数	4	
	等级标准	一级	
	容许值	<<1/15000	
	测量值	1/45000	
	精度评价	达到预设标准	

表3-5 景福宫支导线（网）控制测量成果表

景福宫平面控制网其它测量成果（支导线）			
测量日期	2015年5月12日		
测量成果	点号	X(m)	Y(m)
	Z1	306029.1996	503719.4354
	Z2	306026.7997	503734.8451
	Z3	306049.0555	503721.6225
	Z4	306035.4064	503736.9965
	Z5	306037.3082	503725.0850
	Z6	306048.1224	503712.1409
	Z7	306046.5134	503669.1951
成果精度评价	导线形式	支导线	
	测站数	4	
	等级标准	一级	
	容许值	坐标差小于5mm	
	测量值	坐标差小于5mm	
	精度评价	达到预设标准	

2）精密水准测量

依据前述精度设计，高程控制测量采用四等精密水准测量标准施测。网形为闭合与附合水准路线混合网，所用仪器为天宝DiNi03精密数字水准仪，条形码尺自动读数记录。施测前对仪器设备进行检校，施测中注意整平、避免逆光、控制前后视距、视线高度等指标（图3-4），各项控制指标如表3-6，经平差后各控制点高程成果如表3-7。

图3-4 高程控制测量

表3-6 四等水准测量主要技术要求

指标序号	指标	控制值
1	附合路线长度	≤15km
2	视线长度	≤80m
3	前后视较差	≤5m
4	前后视累积差	≤10m
5	观测方法	中丝读数
6	视线高度	三丝能读数
7	闭合差	$\pm 6\sqrt{n}$（n为测站数）

表3-7 景福宫高程控制测量成果表

景福宫高程控制测量成果表				
测量日期	2015年5月12日			
测量成果	点号	H(m)	点号	H(m)
	Z1	45.7875	K1	46.4565
	Z2	45.7276	K2	45.6442
	Z3	46.5860	K3	46.6238
	Z4	46.5892	K4	46.5774
	Z5	45.9506	D19	45.6360
	Z6	45.9992	T81	45.8510
	Z7	45.9506	T93	45.9000
成果精度评价	水准网形式	混合网		
	测站数	20（主水准路线）		
	等级标准	国家四等		
	容许值	+26.83mm（主水准路线）		
	测量值	−0.6mm（主水准路线）		
	精度评价	达到预设标准		

（三）拼接点测量

基于布设图根级控制网按照极坐标法测量拼接点三维坐标。拼接点标靶分为两类：一类为墙上固定纸质标靶拼接点，另一类为三脚架上金属移动标靶拼接点（图3-5）。标靶拼接点测量采用徕卡TS30全站仪，无反射测量模式。测量拼接点时，应在至少2个控制点上分别测量，各坐标分量较差均小于3mm时取其平均值作为拼接点坐标值，用于扫描外业点云拼接。外业扫描共布设扫描拼接点136个，部分拼接点测量结果见表3-8。

图3-5 移动式拼接点测量

表3-8 拼接点测量成果（部分）

三维激光扫描拼接点成果表			
点号	X坐标（m）	Y坐标（m）	高程（m）
T1	306026.3878	503731.7291	47.4083
T2	306024.0483	503716.7857	47.3929
T3	306023.9463	503718.4715	45.9730
T4	306020.7706	503717.0796	47.3530
T5	306027.9057	503717.3183	45.9702
T6	306026.7104	503729.6347	47.3873
T7	306024.0015	503737.675	47.302

三维激光扫描拼接点成果表			
点号	X坐标（m）	Y坐标（m）	高程（m）
T8	306030.2837	503743.1267	45.8655
T9	306027.0123	503740.8409	47.3586
T10	306024.0038	503736.4933	47.3096
T11	306038.8481	503744.8531	48.2281
T12	306037.0890	503730.6255	48.1683
T13	306028.4698	503738.7422	47.4146
T14	306037.5882	503736.3730	48.1403
T15	306031.2771	503731.1931	47.4030
T16	306056.0863	503724.3278	48.3129
T17	306040.8732	503718.0109	47.3804
T18	306045.5810	503737.6782	48.1155
T19	306040.2081	503737.3167	48.1268
T20	306046.9497	503738.2231	48.1527

（四）三维激光扫描外业

三维激光扫描系统的核心部分是三维激光扫描仪。三维激光扫描仪相当于一台高速运转的全站仪系统，在任一瞬间，利用扫描仪中的测距、测角、计算、存储装置，可获得扫描对象点云。

景福宫组群三维激光扫描工作自2015年5月12日开始，至2015年5月20日结束，外业扫描共进行8天（图3-6），采集点云114站。三维激光扫描仪按照水平及竖向扫描步进角度（扫描分辨率）进行扫描时，扫描点按照扫描坐标值集合存储在扫描坐标系中，形成点云。扫描有效距离控制值为25m时，扫描分辨率为最高（25m处点间距5mm），扫描的同时利用扫描仪内置相机采集扫描点的颜色信息（RGB值），得到具有自然色彩属性的彩色点云（图3-7）。

外业得到的点云分为11组，利用拼接坐标点进行拼接（坐标转换），满足各平差后的拼接点位误差均小于3mm的预设精度，精度评定报告如表3-9中。

表3-9 扫描拼接报告

天津大学文物建筑三维激光扫描测绘拼接报告					
扫描建筑	景福宫		扫描部位	景福门前院	
扫描日期	2015.5.11		天气情况	晴，18℃	
测段名称	08		测站数	7	
拼接用控制点	点号	Y（m）	X（m）	H（m）	备注
	L1	503722.6883	306028.1612	48.1207	
	L2	503717.2282	306019.6634	47.2622	
	L4	503717.1266	306034.0581	46.7917	
	L5	503709.071	306030.7397	47.8193	
拼接过程	拼接测站	拼接标靶球点号			
	S001-S002	Q1	Q13	Q14	Q15
	S002-S003	Q1	Q14	Q15	Q3
	S003-S004	Q1	Q14	Q15	Q2	Q3
	S004-S005	Q1	Q13	Q14	Q15	Q2
	S005-S006	Q11	Q13	Q2	
	S006-S007	Q11	Q13	Q2	
精度指标	控制点	拼接控制点	出现位置	点位误差	
		最大误差	L5	S005	2.5mm
		最小误差	L4	S001	1.6mm
	标靶点	最大误差	Sphere13	S005-S002	3.0mm
		最小误差	Sphere1	S004-S003	0.2mm
	测量人	张志永		拼接处理	李小燕

a 外檐扫描

b 游廊扫描

c 屋顶扫描

d 屋架扫描

e 石雕扫描

f 木作装修扫描

g 木作装修扫描

h 现场工作

图3-6 三维激光扫描
外业

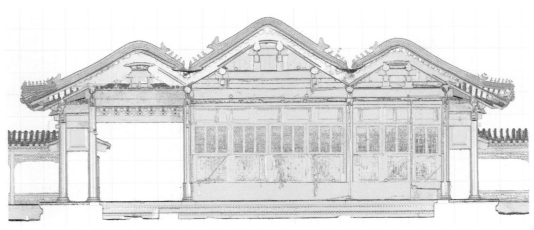

a 稍间剖面点云图

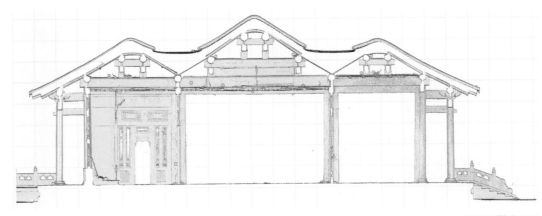

b 次间剖面点云图

图3-7 景福宫梁架点云切片图举例

（五）三维激光扫描内业

点云处理采用徕卡Cyclone6.0软件，包括点云去噪、生成各梁架点云切片图（图7）、细部大样图（图3-8）、正射影像图（图3-9）等。

五、三维激光扫描测绘成果

景福宫三维激光扫描工作是后续二维线划图绘制及模型制作的基础，也是景福宫文物数字档案留存、建筑修缮及遗产保护利用的基础工作。景福宫三维激光扫描测绘成果包括：

（1）测绘技术设计方案，1份；

（2）控制测量成果表，1份；

（3）原始点云文件，1份（目录如图3-10）；

（4）点云成果文件，1份；

（5）正射影像图，1套。

六、结语

古建筑测绘是古建筑保护、研究、利用的起点，也是伴随古建筑全生命周期的首要工作。通过测绘，不光可以记录古建筑的形式、风格，还可以记录古建筑的残损破坏及历史变迁。

三维激光扫描技术在景福宫测绘工作中的应用，实现了由"单点式信息采集"到"多点批量式信息采集"的变革，历史上第一次尽可能详尽地采集到了景福宫建筑群的几何及颜色信息，为后续的保护和利用奠定了坚实基础。

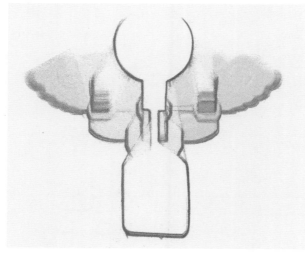

a 斗栱点云切片

b 牌匾点云切片

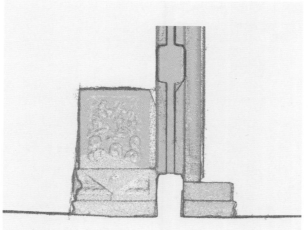

c 抱柱石点云切片

d 柱础点云切片

e 匾及字画贴落

图3-8 景福宫细部
大样点云切片图举例

f 垂带栏板望柱踏跺

a 景福宫南立面正射影像图

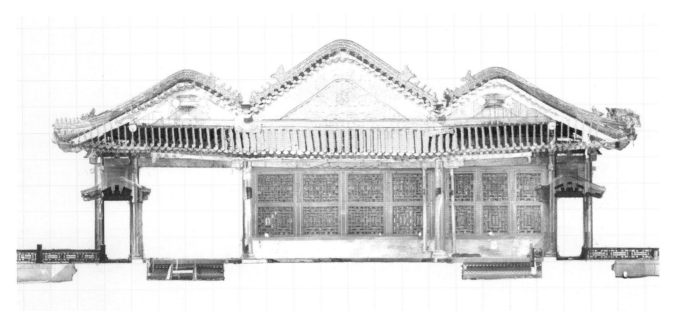

b 景福宫东立面正射影像图

图3-9 景福宫正射影像图举例

原始点云文件属性表

文件名称	格式	站数	采集时间	使用仪器	实际位置描述	文件存储路径	使用软件	采集者
JFG_wai_1	asc	5	2015/5/12	FARO_120	景福宫北侧廊下+檐下	景福宫成果/原始点云/景福宫室外点云	Cyclone6.0	天津大学建筑学院
JFG_wai_2	asc	7	2015/5/14	FARO_120	景福宫东侧山墙+东值房立面	景福宫成果/原始点云/景福宫室外点云	Cyclone6.0	天津大学建筑学院
JFG_wai_3	asc	5	2015/5/12	FARO_120	梵华楼前院东侧廊下+檐下	景福宫成果/原始点云/景福宫室外点云	Cyclone6.0	天津大学建筑学院
JFG_wai_4	asc	5	2015/5/12	FARO_120	梵华楼前院东侧廊子+翼角	景福宫成果/原始点云/景福宫室外点云	Cyclone6.0	天津大学建筑学院
JFG_wai_5	asc	1	2015/5/17	FARO_120	景福宫东北角廊顶+翼角+檐下	景福宫成果/原始点云/景福宫室外点云	Cyclone6.0	天津大学建筑学院
JFG_wai_6	asc	1	2015/5/17	FARO_120	景福宫东北角廊顶+翼角+檐下	景福宫成果/原始点云/景福宫室外点云	Cyclone6.0	天津大学建筑学院
JFG_wai_7	asc	5	2015/5/14	FARO_120	景福宫东翼角顶+东侧走廊.东南角走廊+南走廊（另一	景福宫成果/原始点云/景福宫室外点云	Cyclone6.0	天津大学建筑学院
JFG_wai_8	asc	6	2015/5/17	FARO_120	景福宫房顶	景福宫成果/原始点云/景福宫室外点云	Cyclone6.0	天津大学建筑学院
JFG_wai_9	asc	5	2015/5/15	FARO_120	景福宫门厅顶+南立面（西）+廊下	景福宫成果/原始点云/景福宫室外点云	Cyclone6.0	天津大学建筑学院
JFG_wai_10	asc	7	2015/5/14	FARO_120	景福宫南立面+门厅顶+廊下东	景福宫成果/原始点云/景福宫室外点云	Cyclone6.0	天津大学建筑学院
JFG_wai_11	asc	6	2015/5/18	FARO_120	景福宫西侧假山	景福宫成果/原始点云/景福宫室外点云	Cyclone6.0	天津大学建筑学院
JFG_wai_12	asc	1	2015/5/18	FARO_120	景福宫西侧山墙1	景福宫成果/原始点云/景福宫室外点云	Cyclone6.0	天津大学建筑学院
JFG_wai_13	asc	2	2015/5/18	FARO_120	景福宫西侧山墙2	景福宫成果/原始点云/景福宫室外点云	Cyclone6.0	天津大学建筑学院
JFG_wai_14	asc	8	2015/5/15	FARO_120	景福宫西立面+廊下	景福宫成果/原始点云/景福宫室外点云	Cyclone6.0	天津大学建筑学院
JFG_wai_15	asc	4	2015/5/13	FARO_120	廊子东立面+山墙	景福宫成果/原始点云/景福宫室外点云	Cyclone6.0	天津大学建筑学院

图3-10 原始点云文件目录截图（部分）

第四章　景福宫古建筑保存状况及残损调查与分析

庄立新

一、景福宫区古建筑残坏及修缮的历史记录

①章乃炜，等. 清宫述闻（初续编合编本）（下册）[M]. 北京：紫禁城出版社，2009：705.

景福宫康熙二十八年（1689年）建成①（图4-1），乾隆三十五年（1770年）始拆旧建新，乾隆四十年（1775年）完工，之后间有破损及修缮记载，其中有据可查的如下。

嘉庆三年（1798年），景福宫殿内顶棚绦绉迸裂，抱厦顶棚绦绉迸裂，窗户纸糟旧，隔扇纸糟旧，博缝二槽糟烂；景福宫至佛日楼等周围柱子塌板，窗台上下坎抱框金水油饰迸裂，景福宫东廊子连檐瓦口望板柱子二根俱糟烂，顺山房下坎门枕随墙门四座俱糟烂，炉坑二个木版糟烂，黄色琉璃勾头吊（掉）下二个，滴水吊（掉）下二个，仙人吊（掉）下二个，丁帽吊（掉）下三十个，戗角大小吊

图4-1 景福宫西立面

（掉）下十二对，地面砖糟烂三十块，阶条石闪裂，梅花树池石闪裂，周围红墙找补提浆，包浆土画墙边迸裂，木影壁一座糟烂，周围群肩雨渍应用铲磨。[①]

嘉庆七年（1802年）五月，景福宫五间，头停前后檐拆做天沟二道，各长七丈，扫屏影壁一座，插屏高六尺，宽五尺五寸，粘补插屏边抹心子板[②]；七月，景福宫殿内顶棚、板墙并抱厦、顶棚、窗户糊饰，前后檐天沟二道，抹饰红苏刀灰二层，屏门一座油饰。[③]

嘉庆二十一年（1816年）十二月，景福宫正殿二山并前抱厦东山头停厦当黄色瓦料加陇捉节，垂花门一座，二山拆砌博缝，梅华池石座抅抿油灰，景福门炉炕二座内添换盖板六块，梅花池二座内换做栏杆八扇四踟踏垛二座。[④]

道光二年（1822年）七月，景福宫内板墙二段，油皮鼓起，垂花门上檐挂檐脱落，木博缝糟烂。[⑤]

道光五年（1825年）十二月，景福宫东顺山库房三间，南廊四间，头停六样黄色瓦料，加垄捉节；殿座头停添安瓦料；随门院墙插墙下肩剁磨见新，拆砌角门台座，换做五踟踏跺三座，海缸盖二扇。各殿座房间、角门等项活计油画安钉铁料并随油什搭拆脚手架遮阳。[⑥]

光绪十三年（1887年）二月，景福宫前地面一块，现查砖块破碎，踏跺走错，谨拟归安踏跺，拆墁地面，砖块换新。东北小院地面二块，现查砖块破碎，谨拟拆墁砖块换新。下房一座，现查头停椽望糟朽，谨拟揭瓦。[⑦]

光绪十六年（1890年）九月，景福宫南廊子渗漏瓦片脱落，景福宫明殿东西渗漏，西山墙走闪。[⑧]

光绪二十九年（1903年）九月，内檐装修拆撤挪移改安遵办外，现查头停琉璃瓦片不齐，椽望木植均有糟朽，并周围游廊三十二间垂花门一座，头停多有不齐，瓦片脱落木植歪闪，均拟添补瓦片，挑换木植，归安石料，找墁地面，油饰彩画见新。[⑨]

1958年3月，景福门瓦顶揭瓦更换椽望添配瓦件，更换糟朽四架梁、扶脊木以及天沟下檐檩，更换糟朽博缝，修补装修，归安石活；南游廊及西游廊景福门以南部分屋顶揭瓦，更换椽望，添配瓦件，西南窝角更换糟朽斜梁、角梁、后檐檩枋；景福门以北部分游廊查补瓦面。[⑩]

1994年，景福宫东山廊部中卷与前卷间檐柱墩接柱根，中卷与后卷间檐柱更换；后卷后坡和两山撒头局部揭瓦檐头，更换糟朽椽望、连檐、瓦口，重做天沟。景福宫东值房北侧拆砌台帮，明间拆砌槛墙，更换风门下槛，修补隔扇，北次间修补踏板。景福门归安垂带石，重做天沟。景福宫游廊瓦顶揭瓦，大木拨正归安，墙面重新抹灰刷浆。各建筑均重做下架油饰，同时修补院内地面。[⑪]

2011年，东西两山廊部中卷与后卷间檐柱两侧用杉篙支顶，清扫天沟。

二、景福宫区古建筑保存现状

（一）景福宫

1. 瓦顶

景福宫采用的是六样绿琉璃瓦黄剪边三卷勾连搭歇山式屋面形式，各卷屋面之间以枣核形天沟连接。天沟两侧留沟嘴，雨水自沟嘴直接流入两山"撒头"。

【前后坡瓦面】由于近年故宫博物院内加强日常养护，景福宫瓦面原普遍生长的杂树、杂草已基本清除干净，瓦面整体感觉保存较好。但仔细观察会发现前卷前坡和后卷后坡屋面局部有少量绿色植株，植株周边瓦面松动，瓦垄参差不齐（图4-2）。揭开瓦面便会发现瓦面以下、灰背以上部分盘踞着连绵不绝的树根，应该是原有的树根并未清理，仍在连年不断生长，长出来的植株只是大片树根上较小的萌芽（图4-3）。天沟南北两侧的屋面保存状况较好。

①高换婷，秦国经.清代宫廷建筑的管理制度及有关档案文献研究[J].故宫博物院院刊，2005（5）：302.
②中国第一历史档案馆藏，内务府呈稿嘉营86.
③中国第一历史档案馆藏，内务府呈稿嘉营100.
④中国第一历史档案馆藏，内务府呈稿嘉营325.
⑤中国第一历史档案馆藏，奏销档513-048
⑥中国第一历史档案馆藏，内务府呈稿道营78.
⑦中国第一历史档案馆藏，奏销档812-091.
⑧军机处录副奏折缩微号534-1561
⑨中国第一历史档案馆藏，内务府新整杂件377卷
⑩该条修缮记录整理自故宫博物院藏"景福门工程保养图".
⑪该条修缮记录整理自故宫博物院1994年"景福宫一区工程图纸".

图4-2 景福宫后卷后檐瓦面局部（左）

图4-3 景福宫后卷屋面灰背上树根（右）

【撒头】 东西两山撒头，屋面瓦件保存还算完整，正对雨水沟部分也已用铅背加以保护，但仍出现檐头下滑、局部凹陷等残损状况，东山屋面更是出现整体下沉情况，整体保存状况较差（图4-4）。

【天沟】 总体来说景福宫天沟结构保存还算完整，没有严重残坏，但表面灰背及防水层开裂（图4-5），在雨量较大又排水不畅的情况下渗漏严重，对室内装修、文物造成损坏（图4-6）。

2015年测绘期间，故宫博物院修缮技艺部已组织人员在天沟表面涂刷了一层柔性防水层，暂时解决了天沟渗水问题（图4-7），但天沟本身开裂问题未能得到根治。

图4-4 景福宫东山撒头

图4-5 景福宫天沟表面灰背（左）

图4-6 景福宫中卷西稍间后檐顶棚及装修上的漏雨痕迹（中）

图4-7 涂刷防水层后的景福宫天沟表面（右）

①中间建筑平面图由
天津大学绘制。

2. 大木

景福宫建筑主体部分大木梁架在光绪二十九年（1903年）修缮完成至今保存基本完好，但廊步正对
天沟部分存在较为严重的残坏。

【柱】 景福宫面阔五间、进深三间，周围廊，有檐柱24根，金柱16根，里金柱8根。现除两山正对
天沟的四根檐柱外其余各柱基本保存完好。这四根檐柱，东山的两根在1994年分别进行过更换和墩接。
2011年，又对后卷与中卷之间天沟对应的东西两山的檐柱分别进行了支顶（图4-8）。现在这四根檐柱
柱头柱根仍有不同程度糟朽。

【抱头梁】 景福宫建筑主体和周围廊是通过抱头梁和穿插枋进行连接的，整个建筑共有20组。位于
前后檐的抱头梁、穿插枋保存基本较好，有些表面略有开裂、糟朽；两山前卷前檐和后卷后檐抱头梁、
穿插枋保存也较完整，而正对天沟的抱头梁则残坏严重（图4-9）。由于有抱头梁承接上面的雨水，穿
插枋保存比较好。

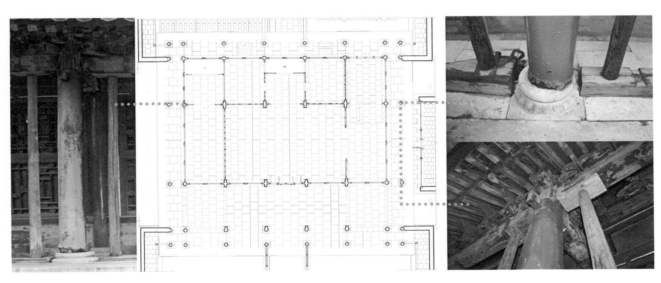

图4-8　后卷与中卷
之间天沟对应东西两
山的檐柱支顶①

图4-9　景福宫两山
面廊步抱头梁残坏

【桁】景福宫是三卷勾连搭卷棚歇山顶建筑，共有桁76根，也和前文的檐柱和抱头梁一样，与天沟对应或有衔接的桁，即中卷前后檐下金桁及两山檐桁都有一定残坏，而其中残坏最为严重的是中卷东、西稍间前后檐下金桁和西山面明间檐桁，其余各桁则多为表面糟朽。

中卷东、西稍间后檐下金桁都在历史上进行过修补，但因为歇山建筑稍间的金桁和脊桁悬挑出月梁、四架梁、踩步梁等构件承托山面的山花和博缝以及其上的垂脊，是较为重要的承重构件，因此简单的修补并不能满足其承重要求，加之未能避免的雨水的再次侵袭，修补处又出现了进一步破坏。（图4-10）

图4-10 景福宫桁主要残坏情况

【檐枋】总体来说，景福宫的金枋、脊枋保存状况较好，即便是天沟下的金枋也没有明显的残坏。前后檐的檐枋保存状况也不错，只是东西山面的檐枋与天沟下檐柱连接的节点处出现下沉，中卷的檐枋除节点下沉外本身也出现严重挠曲，甚至已影响到建筑结构安全。（图4-11、图4-12）

【椽望】椽望是连接瓦顶和大木构件的屋面木基层，因此也是最先承受瓦面渗水的木构件，残坏在所难免，景福宫更不能例外。现在景福宫椽望的残坏主要集中在檐部，同样是天沟以下部分最为严重（图4-13、图4-14）。

【其他木构件】景福宫的其他木构件也存在一些古建筑中较为常见的残坏，如斗栱歪闪、山花博缝糟朽等，但并不严重。

3. 墙体、地面、基础

景福宫槛墙、基础基本保存完好，室内及前卷抱厦内地面不仅保存基本完好，还留有大量原有建

图4-11 景福宫中卷西山面后檐檐枋下沉（左）

图12 景福宫中卷东山檐枋挠曲严重（右）

图4-13 景福宫后卷明间后檐顺望板开裂糟朽（左）

图4-14 景福宫西山面前卷与中卷间天沟区域椽子望板糟朽（右）

筑、装修遗迹，东、南、北三面廊内地面也基本保存完好，仅有西山面出现须弥座轻微外闪，廊内地面出现地面砖起鼓、走错等情形。（图4-15）

4. 装修

【天花】景福宫前卷采用井口天花，中卷及后卷为木顶格白樘箆子，现基本保存完好，只是前卷井口天花部分枝条局部存在脱榫、变形等情况。（图4-16）

图4-15 景福宫西山面廊内地面

图4-16 景福宫前卷天花

【外檐门窗】景福宫外檐支摘窗以福寿为主题，与宁寿宫区其余建筑明显不同，隔扇门更是采用了和其他建筑差异巨大的玻璃隔心，明显是后期做过更改，并且外檐门窗1958年做过修整，所以现在保存状况均较好，只是部分支摘窗存在卡子花脱落缺失现象。（图4-17）

【内檐装修】依据现有档案及保存现状分析，景福宫内檐装修应该为光绪二十九年（1903年）添设，现基本保存完整，只有一扇推测为中卷明间后檐金柱部位的玻璃隔断和花板隔墙被移动位置，另有一扇风门玻璃破碎，其余则是一些金属构件锈蚀、松动、断裂，镶嵌纹饰脱落缺失等内檐装修常见病害。

5 彩画

景福宫全部彩画中尤以中卷明间前檐脊檩彩画保存最为完好，仅有少量表面浮尘。最差处则为前檐及东西两山椽飞、天沟下檐柱柱头、柱头科斗栱和檐枋与柱头连接部位，彩画几乎脱落殆尽。

介于二者之间的建筑檩枋彩画又以东西南三面檩枋对外一侧较差，褪色更为严重，但仍能辨认纹饰图案。

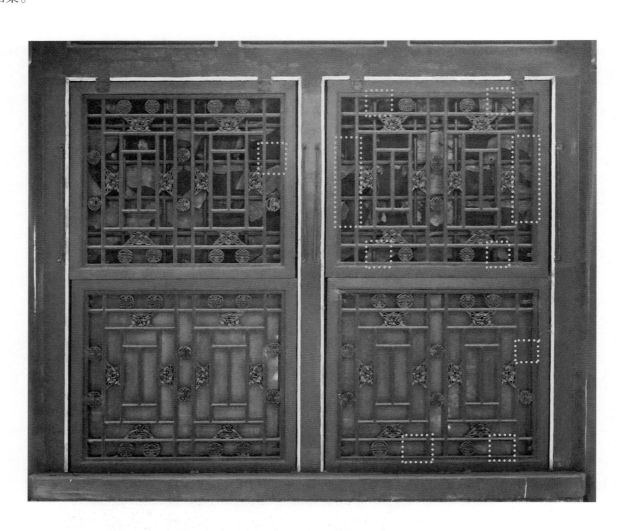

图4-17 景福宫后檐东次间支摘窗寿字团花部分脱落缺失

（二）景福门

因景福门体量较小，1958年又经过一次较大范围的维修，更换过重要建筑构件，所以整体保存状况较好，仅存在如瓦面局部长草、瓦兽件脱落缺失、捉节夹垄灰脱落、天沟防水层开裂剥落，大木表面有水渍、椽飞局部糟朽，地面砖局部表面酥碱，坐凳及倒挂楣子局部歪闪、部分工字卧蚕脱落、部分棂条断裂等常见文物建筑病害。

值得一提的是，景福门彩画整体保存状况欠佳，梁枋外侧褪色、脱落严重，保存状况稍好的梁枋内侧和天花板，彩画脱落也近40%。

（三）景福宫东值房

景福宫东值房面宽三间，进深严格来说仅半间，位于景福宫与宁寿宫东宫墙之间，所处位置狭小，台基和景福宫台基紧密相连，檐头相近，相互影响严重。（图4-18）

景福宫东值房最明显的残坏是明间双耳门下槛糟朽严重，下槛上的屈戌缺失，风门脱落。其余瓦面、大木、椽飞、彩画和景福门状况类似，都是一些文物建筑常见病害。

图4-18　景福宫东值房

（四）景福宫前院游廊

景福宫前东西南三面游廊中残坏最为严重的为南游廊，明间瓦顶瓦面下滑、局部凹陷。明间及东西次间望板糟朽，已可见其上灰背，明间前檐倒挂楣子出现下边框弯垂、棂条断裂拔榫等状况。大雨过后明间及东西次间檐头及地面都有漏雨痕迹，明间尤其明显。（图4-19~图4-21）

图4-19　景福宫南游廊明间前坡望板糟朽（左）

图4-20　景福宫南游廊地面雨水痕迹（右）

图4-21 景福宫南游廊明间、次间

除此之外，如瓦面捉节夹垄灰脱落、瓦兽件脱落缺失，椽飞局部糟朽，地面砖局部表面酥碱，坐凳及倒挂楣子局部歪闪、部分工字卧蚕花牙脱落、局部椽条断裂等常见文物建筑病害，景福宫游廊也未能幸免。同时景福宫前院游廊四角均设的凹角梁，除西南抹角梁及凹角梁为1958年更换保存较好外，其余三个角均存在不同程度的糟朽状况。

（五）院落地面

景福宫院内地面保存基本完整，铺墁形式总体清晰，部分地面砖出现表面风化甚至破碎，局部有后期更换地面砖痕迹，后换地面砖和原有地面砖铺墁形式不统一。局部尤其是树池周围地面凹凸不平。

三、景福宫残损原因初探

从历史记录及保存现状看，景福门、景福宫东值房和景福宫游廊等建筑上多为一些常见病害，此处不做过多分析。而景福宫的残坏程度较这些建筑或者紫禁城内多数文物建筑要严重得多，而且更为典型，因此此处就景福宫的残损原因进行一些分析和说明。

景福宫是一座三卷勾连搭卷棚歇山顶建筑，中卷六檩最高，前后卷各四檩略矮，三卷之间以天沟相连，前后檐及两山各通过抱头梁和穿插枋接廊步环绕四周。从侧面看去，景福宫恰似群山环绕的主峰，又似展开羽翼的飞鸟，在周围十数棵柏树的掩映下越发显得身形灵动，风姿卓绝。

正如《红楼梦》里评价林黛玉："却有一段自然的风流态度，便知她有不足之症"，而景福宫建筑的残坏，多与其风流婉转的独特造型和绿树掩映的清幽环境等"不足之症"有关。

（一）建筑结构的影响

1. 天沟

从上文不难看出，景福宫建筑两山天沟以下的部位，从上至下瓦面、椽望、下金檩、山面檐檩、抱头梁、山面檐枋、柱头、柱根直至地面无不存在病害，因此天沟的影响不言而喻。

①该部分所有建筑尺寸均由天津大学建筑学院测绘所得。
②王璞子.工程做法注释[M].北京：中国建筑工业出版社，1995：54~57，100~112.

景福宫天沟呈枣核形，铜沟嘴越过博脊正对撒头。遇大雨天如果天沟干净排水通畅，大量雨水迅速汇集后从沟嘴留出，直冲撒头，落于地面后，溅起大量水花，对柱根、廊内地面造成损害。（图4-22）

而如果周围树木落叶得不到及时清理在瓦面堆积，则会造成沟口堵塞，排水不畅，雨水大量堆积在天沟内，在天沟灰背稍有裂纹的情况下雨水就会下渗，从而对天沟下的木构件造成损害。现在景福宫天沟以下木构件除柱根部分的残坏外，其余都是这种情况下的渗水造成的。

木构件尤其是柱头、柱根的糟朽，将直接导致梁架变形、瓦面下沉，漏雨渗水情况加剧，进而形成恶性循环，使景福宫的山面梁架瓦面发生严重破坏。

2. 构件尺寸

景福宫是三卷勾连搭结构，除廊间外各间开间尺寸相近，在3.516~3.548m之间，合一丈一尺左右。各卷进深则相差较大，前后卷进深约4.16m，合一丈三尺。中卷进深最大，达到7.08m，合二丈二尺一寸。景福宫施一斗二升交麻叶斗栱，斗口69mm[①]，合2.15寸。

总体而言，景福宫前后卷开间进深都不大，而大木构件尺寸都较大，完全能够满足建筑结构安全需求。而进深已经达到二丈二尺一寸的中卷，较"八檩卷棚大木做法"中的两山明间的二十尺为大，甚至较"九檩大木"明间进深的二十一尺还大。而其六架梁尺寸为519mm×437mm，高度较八檩大木六架梁大，较九檩大木七架梁小，而厚度则较二者都大。同时考虑景福宫中卷梁架前后仍各有一卷建筑，不用承担檐头屋面荷载，因此景福宫建筑主体梁架基本符合清工部《工程做法》约定。从保存现状看，景福宫主体梁架保存完好，建筑结构安全。

但是景福宫中卷山面檐枋的情况似乎并不乐观，从其挠曲的情况看，这绝不仅仅是端头糟朽拔榫的问题（图4-12）。

严格来讲，景福宫采用的是三卷勾连搭歇山顶构造，又施有斗栱，檐柱间的连接构件应称之为"额枋"。但是景福宫的"额枋"上无平板枋、下无由额垫板、小额枋，构件尺寸也和上金枋、下金枋相近，同时符合《工程做法》中对檐枋额尺寸约定[②]，所以更应称之为"檐枋"。

也正因如此，其截面尺寸相对于山面二丈二尺一寸的跨度太小了。如果参照带额枋的建筑中进深尺寸最接近的"七檩歇山转角周围廊斗口重昂斗科斗口二寸五分大木做法"中对额枋的尺寸约定，其截面尺寸应在高一尺五寸，厚一尺三寸，即480mm×416mm。而现在景福宫山面328mm×250mm的檐枋尺寸显然太小了。

图4-22 景福宫西山雨后台明

除截面尺寸过小外，景福宫中卷山面檐枋还不是整料制作的，而是拼接的（图4-23），现在用于拼接的铁箍又出现锈蚀失效，承载力变小，山面檐枋的挠曲变形就在所难免了。

图4-23 景福宫东廊间明间大额枋内侧面拼接痕迹明显

（二）环境的影响

1.植被

景福宫清新优雅的环境离不开周边环绕着的十数棵四季常青的柏树。但柏树会一年四季常有落叶，柏树的这一特性给管理带来了一定难度。因为一般北方的落叶树种会在秋季集中落叶，且叶片较大，秋冬季节的大风会把落叶从屋面吹落，雨季前屋面一般不会聚集大量落叶。而柏树一年四季均有落叶，且叶片细小，很难被从屋面吹落，因此在雨季前难免会在屋面聚集，影响屋面的排水（图4-24）。

另外，堆积的柏树叶也给其他杂树及杂草的生长带来了养料。景福宫区环境清幽，容易吸引鸟类，鸟类粪便中的植物种子便会在景福宫屋面生根、成长，从而对屋面整体安全造成影响。

图4-24 景福宫后卷后坡瓦面堆积的柏树叶

另外，不断生长的树根拱起地面砖，其地面凹凸不平，影响院落地面排水。而且，这些影响会随着树木生长的越来越茂盛而更加严重。

2. 建筑密度

景福宫区建筑整体布局舒朗，但是景福宫和东值房中间距离过近，台明相距仅570mm，屋面已经互相叠压，景福宫在上，东值房在下，雨水自景福宫天沟流到东山撒头再流到东值房，东值房雨水如果不加防护直接流到地下，对景福宫东山柱根的影响几乎是致命的。现在虽然景福宫东山和东值房檐头都已安装水槽导流雨水，但是如果水槽出现破损，建筑间的相互影响还是无法避免，景福宫东山柱根和东值房下槛的糟朽都是这个原因。（图4-25）

图4-25 大雨过后景福宫东值房前地面雨水

四、小结

景福宫自建成后一直遭受天沟及山面廊间易残坏的困扰，至今东西两山天沟以下自上而下瓦面、椽望、下金檩、山面檐檩、抱头梁、山面檐枋、柱头、柱根、地面仍有不同程度的残坏，有些甚至已经影响建筑结构安全。

其原因主要和其三卷勾连搭歇山顶的建筑造型有关，但建筑周边植被的影响也不能忽略。随着这些植被的逐渐生长壮大，其对建筑的影响也越来越大，瓦顶、地面都将受到更为严重的影响，进而对建筑木结构造成损害。

另外，建筑结构和布局的影响也不能忽略。景福宫中卷两山面檐枋就由于截面过小、跨度过大又是拼接构件而发生挠曲。景福宫东值房则因为和景福宫东山相距过近而对彼此造成影响。

这些都是景福宫的固有特色，是景福宫独特魅力的组成部分，不可更改，只能采取措施加以改善并加强管理，比如景福宫东山增加的水槽，比如雨季前及时清扫瓦面等。

景福宫档案文献汇总

郭奥林[1]　肖芳芳　荣幸辑录　何蓓洁补辑并校正

说明

①明及清前期景福宫相关文献稀缺，辑录时兼及宁寿宫。

②乾隆三十五年启动太上皇宫宁寿宫的修建，此后有关宁寿宫的文献数量激增，为突出重点，仅采择景福宫相关档案。

西历	朝年	月	日	文献内容（事件）	文献出处
1417	永乐十五年	四月	廿七日	癸未西宫成。其制中为奉天殿，殿之侧为左右二殿，奉天之南（奉天之南：抱本之上有殿字）为奉天门，左右为东西角门，奉天之南为午门，午门之南为承天门，奉天殿之北有后殿（有后殿：广本有作为）凉殿、暖殿、及仁寿、景福、仁和、万春、永寿、长春等宫，凡为屋千六百三十余楹。	《明宝录》
1417	永乐十五年	—	—	永乐十五年作西宫于北京，中为奉天殿，侧为左右二殿，南为奉天门，左右为东西角门，其南为午门，又南为承天门，殿北有后殿、凉殿、暖殿及仁寿、景福、仁和、万春、永寿、长春等宫，凡为屋千六百三十余楹。	《明史》卷68
1525	嘉庆四年	三月	廿三日	四年三月壬午夜，仁寿宫灾。玉德、安喜、景福诸殿俱烬。	《明史》卷29
1525	嘉庆四年	十月	初二	冬十月丁亥作玉德殿，景福、安喜二宫。	《明史》卷17
1525	嘉庆四年	十月	初二	工部尚书赵璜等以岁饥财匮，请暂停玉德殿、景福、安善（安善：广本阁本善作真）二宫之工，候仁寿宫工完，财力有余，徐议兴建。上不从，令办料完日一并兴工。	《明宝录》
前为明景福宫及仁寿宫					
1682	康熙二十一年	—	—	改建咸安宫为宁寿宫。宁寿宫，在慈宁宫西北以奉皇太后。	《康熙会典》卷一百三十一
	康熙朝			按大清会典宫殿规制……宁寿宫在慈宁宫西北以奉皇太后。	《古今图书集成》职方典上"京都宫殿考"
1682	康熙二十一年	十月	廿九日	工部销算宁寿宫工价事。上日此系禁内之地朕所悉知添造房屋不多紫禁城内又不筑地基何用钱粮如此之多……	《康熙起居注》
1682	康熙二十一年	十二月	廿日	上日凡工程俱关系钱粮，工部堂官理应详察估计，量减浮冒……但观宁寿宫工程，俱属坚固，并无疏忽……	《康熙起居注》
1683	康熙二十二年	五月	十四日	早，上诣五龙亭，请太皇太后安，随奉太皇太后还慈宁宫。未时，上诣紫光阁请皇太后安，随奉皇太后还宁寿宫。	《康熙起居注》
1687	康熙二十六年	七月	初三	皇太子自畅春园随皇太后辇由西直门进西华门，至宁寿宫。皇太后回宫，皇太子始回宫。	《康熙起居注》
1688	康熙二十七年	三月	廿七日	上谕：从前诣两宫请安，皆于起居注记档。今诣宁寿宫请安，朕因不忍过慈宁宫，故从启祥门行走。但此系宫禁之地，外官无由得知。此后每次请安，着令太监传谕敦住，仍令起居注官记载。其不忍由隆宗门行走之故，亦令谕侍郎库勒纳知之。	《清圣祖实录》
前为旧宁寿宫					
1689	康熙二十八年	十一月	初八	朕因皇太后所居宁寿旧宫，历年已久，特建新宫，比旧宫更加弘敞辉煌，今已告成，应即恭奉皇太后移居。可传谕钦天监、敬谨选择吉辰，礼部翔考典礼以闻。	《清圣祖实录》

①中国城市发展研究院有限公司工程师，天津大学建筑历史与理论专业2014级硕士研究生。

西历	朝年	月	日	文献内容（事件）	文献出处
1689	康熙二十八年	十二月	初三	以次日皇太后移居宁寿新宫，遣都统化善告祭太庙。	《清圣祖实录》
1689	康熙二十八年	十二月	初四	皇太后移居宁寿宫，仪仗全设，上率王以下、内大臣、侍卫等行礼。	《清圣祖实录》
1689	康熙二十八年	—	—	康熙二十八年宁寿宫成，择吉，孝惠章皇后移宫，一应礼仪，俱照顺治十年例行。	《雍正会典》卷六十二
1689	康熙二十八年	—	—	内务府总管海拉逊、多弼跪请皇上万安。又宁寿宫、景福宫、宁和宫、八所周围房屋等处之油画工于本月二十日告竣。为此谨具奏闻。朱批：知道了。朕体安。着启奏皇太后。朕自十五日回銮。今气候略凉，太后欲即入宫，或候朕之处，著请懿旨①。	《内务府总管海拉逊等奏报房屋油画工竣折》，《康熙朝满文朱批奏折全译》，中国社会科学出版社，1996年，第1541页
1690	康熙二十九年	正月	十七日	大学士伊桑阿等奏曰，前者皇上以明朝宫殿楼亭门名开载一折，并慈宁宫、宁寿宫、干清宫妃嫔宫人及老媪数目开折子发出，令臣等观看。向曾屡奉谕，令尔等察明朝扁额字样，尔等俱云无从稽考，今朕俱已察得之矣，尔等可抄录存贮尔衙门。	《康熙起居注》
1692	康熙三十一年	九月	初八	吏部题工部郎中孟格降级调用……上曰孟格曾修理宁寿宫……	《康熙起居注》
1696	康熙三十五年	十月	十八日	奏闻接谕旨并报阿巴亥乌尔占噶啦布王之母福晋入宁寿宫等事。（满文）	《宫中档康熙朝奏折》，第08辑，344页
1697	康熙三十六年	正月	初二	上诣宁寿宫问安。（此后，常见康熙诣宁寿宫问安直至康熙五十六年皇太后崩逝，后略）	《康熙起居注》
1711	康熙五十年	三月	十八日	上以万寿节率皇太子诸王贝勒贝子公等诣宁寿宫行礼。	《康熙起居注》
1712	康熙五十一年	正月	初一	上率诸王贝勒贝子公内大臣侍卫大学士等诣宁寿宫行礼。（据《起居注》康熙五十五、五十六年皆如是）	《康熙起居注》
1713	康熙五十二年	三月	十八日	上率诸王贝勒贝子公内大臣侍卫满汉大学士诣宁寿宫行礼。	《康熙起居注》
1717	康熙五十六年	十二月	初六	皇太后崩于宁寿宫。	《清圣祖实录》
1723	雍正元年	五月	廿三日	仁寿皇太后崩于永和宫……上因奏请皇太后移御宁寿宫。届期受朝贺。皇太后固执未允。尚御永和宫。至是奉安梓宫于宁寿宫。上于苍震门内、设倚庐、缟素居丧。每日赴梓宫前、上食三次。哀号弗辍、俨如视膳。群臣莫不感泣。	《清世宗实录》
1723	雍正元年	七月	廿五日	雍正元年七月廿五日，具奏工部黄册奉旨：宁寿宫东边添建之三檩木板房三间，有门之木板墙一堵，四边之三檩木板房二间，有门之墙一堵。景福宫东配殿后面添建之三檩木板房二间，西配殿后面添建之四檩木板房一间。后四所添建之三檩木板房四间。	内务府奏销档，转引自王子林（2011）
1735	雍正十三年	十二月	初四	谕大学士鄂尔泰、张廷玉、九月间，庄亲王、果亲王，曾奏请各迎养妃母于邸第。朕以两位太妃向在宁寿宫居住。朕正当仰承皇考先志。祗敬奉养。在二王之意、必以宁寿宫为太后应居之宫。故有是请。朕闻奏、心甚不安。及奏闻太后、亦以为必不可行。是以未允。今再四思维。人子事亲。晨昏定省。诚欲各遂其愿。若不允其迎养之请、则无以展二王之孝思。若允二王之请、迎养太妃于府第。则朕阙于奉养。此心实为歉然。自今以后、每年之中、岁时伏腊、令节寿辰。二王及各王贝勒、可各迎太妃太嫔于府第。计一年之内、晨夕承欢者、可得数月。其余仍在宫中。如此、则王等孝养之心。与朕敬奉之意。庶可两全。向后和亲王分府时、其侍奉母妃。亦照此礼行。	《清高宗实录》
1736	乾隆元年	十一月	初三	尊加圣祖仁皇帝四位太妃寿祺皇贵妃、温惠贵妃、顺懿密妃、纯裕勤妃封号。是日巳时，上礼服升太和殿阅册宝毕，彩亭次第前行，上升与、由左翼门至宁寿门中阶降舆，册册宝印陈设于左右黄案上，四太妃礼服升宁寿宫座，仪仗全设……	《乾隆起居注》
1738	乾隆三年	十月	十二日	皇太子病笃，上往宁寿宫视疾。巳时，上奉皇太后至宁寿宫看视。皇太子薨逝，上痛悼不已，辍朝五日，上复诣皇太后宫请安。	《乾隆起居注》
1745	乾隆十年	正月	初九	亲诣寿康宫请皇太后安，又亲诣宁寿宫看温惠皇贵太妃病。	《乾隆起居注》
1746	乾隆十一年	正月	初四	上奉皇太后金昭玉粹进早膳，宁寿宫进茶果、晚膳，重华宫进酒膳。	《乾隆起居注》
1747	乾隆十二年	正月	初三	上奉皇太后于金昭玉粹进早膳，重华宫筵宴，宁寿宫进茶果晚膳。	《乾隆起居注》

①文献无朝年，王子林在《乾隆太上皇宫宁寿宫营建考》中引用此档案时判为康熙二十八年。

西历	朝年	月	日	文献内容（事件）	文献出处
1748	乾隆十三年	正月	初六	诣寿康宫请皇太后安，奉皇太后幸抚辰殿进茶，于重华宫侍皇太后早膳，至宁寿宫进茶晚膳，毕，仍至重华宫进酒，奉皇太后驾还寿康宫。	《乾隆起居注》
1748	乾隆十三年	四月	初九	上至观德殿大行皇后梓宫前奠酒，毕，诣寿康宫请皇太后安，至宁寿宫视温惠皇贵太妃病。	《乾隆起居注》
1750	乾隆十五年	正月	初三	上奉皇太后于金昭玉粹进早膳，毕，奉皇太后诣宁寿宫祝定太妃九十寿，进茶果晚膳，毕，还重华宫进酒。	《乾隆起居注》
1757	乾隆二十二年	正月	初二	上奉皇太后金昭玉粹进早膳，未刻于干清宫赐满汉大学士尚书等宴，毕，诣宁寿宫侍茶果晚膳，重华宫侍酒膳。	《乾隆起居注》
1758	乾隆二十三年	正月	初三	上奉皇太后金昭玉粹侍早膳，宁寿宫侍晚膳，重华宫侍酒膳。（乾隆二十四年至乾隆二十六年、乾隆二十九年皆如是，略）	《乾隆起居注》
1768	乾隆三十三年	二月	廿二日	上诣宁寿宫视温惠皇贵太妃疾。（廿七日亦如是）	
	乾隆朝	—	—	宁寿宫，宫正殿两重，前为宁寿门，列金狮二，门内东为凝祺门，西为昌泽门，再西为履顺们门。门外即夹道直街也。 宁寿宫之后为景福宫，前为景福门。门内正殿二重，前殿御笔匾曰"芳徽纯嘏"，东暖阁匾曰"彤闱鹤算"，西暖阁联曰"宝婺腾晖，锦云呈五色；璇庭绚彩，珠树发三花。"宫西有花园，门榜曰"衍祺门"。又西为踏和门，门外即夹道直街也。 景福宫之后为兆祥所，今为皇子所居。西为花园，又西即神武门也。	《国朝宫史》卷十三
前为宁寿新宫					
1770	乾隆三十五年	十一月	—	总管内务府福隆安奏：乾隆三十五年十一月内，奴才等遵旨修建宁寿宫殿宇房座，节次烫样呈览，荷蒙圣明指示，钦遵办理。	内务府奏案，转引自许以林（1987）
1771	乾隆三十六年	正月	廿九日	总管内务府大臣福隆安、英廉等奏：臣等遵旨修理宁寿宫工程，所有今岁拆修后面殿座，并院内堆做山石，以及拆砌北面大墙等工，现在抵对旧料，一时难得确数，业经奏请先向广储司支领银五万两在案。	内务府奏案，转引自许以林（1987）
1772	乾隆三十七年	十一月	初六	奴才福隆安、三和、英廉、刘诰、四格谨奏：为奏闻估需工料钱粮数目事。乾隆三十五年十一月内奴才等遵旨修建宁寿宫殿宇房座，节次烫样呈览，荷蒙圣明指示，钦遵办理，复经奴才等奏明，修建宁寿宫工程殿宇高大，所需大件物料甚多，非经年可能告竣，拟分年次第修理。请先修建后路殿座，各归各款，随于工竣后奏销，庶钱粮易于查核，尤昭慎重等因，奏准在案。今据该员估得修建宁寿宫后中路养性门五间，头层养性殿三间，前接抱厦一间，配殿十间。二层乐寿堂七间，西边三友轩三间，三层颐和轩七间、前后抱厦八间，穿堂三间。后楼景祺阁七间，如亭一座。西路衍棋门三间，抑斋二间，矩亭一座，古华轩三间，旭辉庭三间。前殿遂初堂五间，西边延趣楼三间，笀秀亭一座，萃赏楼五间，转角楼仿玉壶冰六间，重檐符望阁二十五间，后殿倦勤斋九间，西边玉粹轩三间，叠落楼竹香馆三间。东路扮戏楼五间，畅音阁戏台一座四面各显三间，阅是楼五间，两边转角楼三十二间。前殿仿渊澂斋五间，中殿仿芸晖屋五间，后殿仿振芳轩五间，后罩房五间。三倦殿景福宫十五间，景福门一座，东边梵华楼七间，西边佛日楼三间。以上三路宫门、殿宇、穿堂、楼台亭座共五十五座，计二百六十二间，游廊共五十座，计三百十三间净房、值房共计三十四座，计九十五间，通计六百七十间，拆砌后围大墙一百五十丈。成砌琉璃影壁二座，花台四座，各座院墙、月台、丹陛、雨路、海漫、散水，并缝石台阶，花斑石地面，成堆青黄太湖石影壁，油饰彩画，裱糊。造办中路殿座红黄铜镀金瓦帽钉。门钉、兽面、龙叶以及檐椽寿山福海等项。一再查遵奉谕旨，中路游廊内嵌墨刻石。西路符望阁前山上补建亭座，改堆山石。东路改添更道、石游廊暨垂花门、院墙等项所有增减钱粮之处，并其余殿座尚有包厢、装修，隔断等项，另行详细确估。	内务府奏销档，转引自许以林（1987）、张淑娴（2003）
1773	乾隆三十八年	四月	廿二日	于四月廿二日库掌四德五德笔帖式福庆将景福宫方胜床格空二处，做得三层屉合牌方匣样，一件上画博古花纹样并做得入角三层方匣样。一件上画汉纹式花纹样持进，交太监胡世杰呈奉旨方匣样照样准做得时装玉其入角方匣另画样呈览准时发往苏州，照样成做漆盒一件钦此。	造办处活计档，微卷126，340页
1773	乾隆三十八年	十月	初六	李质颖恭请陛见，奏，奴才李质颖谨奏，为仰恳圣恩事。伏查六七等月接内务府大臣寄信，奉旨交办景福宫、符望阁、萃赏楼、延趣楼、倦勤斋五处装修奴才己将镶嵌式样雕镂花纹，悉筹酌分别预备集料，加工选定，晓事商人，遵照发来尺寸详慎监造，今己办有六七成，约计明岁三四月可以告竣。	乾隆朝汉文录副奏折，转引自张淑娴（2003）

西历	朝年	月	日	文献内容（事件）	文献出处
1773	乾隆三十八年	十一月	十九日	今修建后路殿座工程，原续估需工料银七十六万五千八百八两二钱三分四厘，除取用官办木植扣留银九万七千五百四十两六钱二分七厘不领讫，实需银六十六万八千二百六十七两六钱七厘，现今办理，俟工竣另案奏销外，今后路工程已将告成。	内务府奏销档，转引自王子林（2011）
1774	乾隆三十九年	四月	初四	窃奴才于上年六七等月奉内务府大臣英廉等寄信，奉旨交办景福宫、符望阁、萃赏楼、延趣楼、倦勤斋等五处装修并烫样五座，画样一百三张等因到扬。奴才随即选派熟谙妥妥商选购料物，挑雇工匠，择吉开工，上紧造成。奴才不时亲身查视，详慎督办，今已告成。奴才逐件细看，包裹装船，于四月初四日开行，专差家人小心运送进京，除备文并造具清册呈送工程处，逐件点收，听候奏请安装外，敬将装修五分镶嵌式样雕镂花纹绘画贴说，先行恭呈御览，谨缮折具奏，伏乞皇上圣鉴，谨奏。	《宫中档案乾隆朝奏折》辑35，179页
1775	乾隆四十年	二月	初七	员外郎四德库掌五德笔帖式福庆将景福宫殿内迎手靠背坐褥套四分，褥套五分靠背套一件……拟交苏州织造舒文成做。四十一年四月廿九日苏州织造舒送到景福宫绣迎手靠背坐褥套一分，呈进交原处讫。于四十二年十二月十六日舒文送到景福宫坐褥一件呈进交原处讫。与四十三年四月廿八日员外郎四德、五德将织造舒文送到景福宫绣坐褥套一件持进交太监瓦鲁里呈进交原处讫。于（四十三年）十二月十五日将苏州送到景福宫绣坐褥一件呈进讫。	《清宫内务府造办处档案总汇》37，449、452、455、456页
1775	乾隆四十年	五月	廿四日	景福宫东山添盖值房三间，头停瓦、琉璃瓦、苏式彩画，估需工料银三百四十五两三钱二分五厘。	内务府奏案，转引自王子林（2011）
1775	乾隆四十年	十月	廿四日	廿四日库掌五德、福庆来说，太监胡世杰传旨宁寿宫景福宫殿内新安广东送到紫檀木单壁，前面添配紫檀木木梳背靠背一件，其单壁背后不要通景，著添配紫檀木边线，分为五扇抹样呈览，钦此。于三十日将宁寿宫景福宫现设紫檀木五屏单壁背后不要通景，因在杉木小样上画得分为五扇样，添配边栏木样，抹得有回纹边诗堂样，持进交太监胡世杰呈览……于廿六日库掌五德福庆来说太监胡世杰传旨新传做景福宫木梳背靠背不必成著做香几一件安设……初九员外郎四德来说太监胡世杰交古铜镜一面传旨著配好做法插屏背后单元光刻诗先样得时在现做景福宫香几工安设钦此于廿日将古铜镜一面画得插屏纸样一张。	《清宫内务府造办处档案总汇》38，413-415页
1775	乾隆四十年	十二月	初七	员外郎四德、库掌五德、福庆来说，太监如意传旨，现造铜镀金狮子二对，得时在景福宫门前安设一对，遂初堂衍棋门前安设一对。钦此。	《清宫内务府造办处档案总汇》38，767页
1776	乾隆四十一年	二月	初六	初六库掌五德福庆来说，太监胡世杰传旨宁寿宫中一路应挂之神画样呈览，准时发往苏州成做……南门画门神一副高一尺五寸宽六寸，景福宫、景福门画老仙人门神一副，高三尺宽二尺、屏门画老仙人门神一副高三尺宽一尺八寸，前后扇画仙童仙官门神二副高二尺一寸宽一尺二寸五分，东顺山房画门神一副高一尺五寸宽八寸。	《清宫内务府造办处档案总汇》39，340-344页
1776	乾隆四十一年	六月	初七	初七苏州坐京家人陈泰送到信帖一件，内开本月初一日将苏州织造舒文送到。白玉葡花盒盖配做盒底一件、青玉宝一方、册页一分，改做青白玉花囊一件、玉觯子二件、锦袱二件。景福宫缂丝五屏风心一面，收什红雕漆圆盒一件。	《清宫内务府造办处档案总汇》39，430-431页
1777	乾隆四十二年	七月	初二	宁寿宫前后路原续估外续添活计：……景福宫花梨木围屏座一分，三镶夔龙门口一座，壁子三扇。	《宁寿宫各处活计用工料银两》，奏案05—0331—089，中研院近史所藏内务府奏销档案
1778	乾隆四十三年	九月	廿一日	……皇祖御极六十一年，予不敢比若邀穹苍眷佑，至乾隆六十年乙卯，予寿跻八十有五，即当传位皇子，归政退闲第，此意向未宣示众，亦不能深悉也，迨朕六旬大庆后，即豫葺宁寿宫，为将来优游颐养之所，臣工应莫不共闻共见，岂有所伪饰乎。	《清高宗实录》
1779	乾隆四十四年	八月	廿四日	前经降旨，葺治宁寿宫，为朕将来归政后颐养之所，现今工届落成，实为吉样庆事，宜敷惠泽，以昭锡福，所有管理工程大臣及在工人员俱著加恩，交部议叙。	《清高宗实录》
1782	乾隆四十七年	三月	廿七日	员外郎五德、催长大达金江舒与将苏州织造全德送到：……景福宫漆匾一面，对一副，随本文三张，符望阁雕漆对一副，随本文二张；宗镜大昭之庙雕漆玉字匾一面，对一副，随本文三张……交太监厄鲁里呈览。奉旨……匾对各按原处安挂。	《清宫内务府造办处档案总汇》45，438页
1782	乾隆四十七年	十二月	十七日	员外郎五德、催长大达色等来说，太监鄂鲁里传旨……景福宫东间迎南北门两板墙挂梁国治挂屏，长二尺五寸、宽二尺四寸。于四十八年十二月廿二日苏州送到春屏彩胜四件，呈进交原处讫。	《清宫内务府造办处档案总汇》45，418、419页

西历	朝年	月	日	文献内容（事件）	文献出处
1784	乾隆四十九年	—		五福五代堂古稀天子宝。 青玉方四寸一分交龙钮高一寸四分。 [臣等谨案]乾隆丙申（乾隆四十一年），重葺宁寿宫之景福宫，圣制五福颂书屏。迨甲辰庆得元孙，一堂五世，因即景福宫增书五福五代堂，为文以记，并镌是宝以志亘古稀有盛事。	《国朝宫史续编》卷二十二
1784	乾隆四十九年	—		皇上于宁寿宫之景福宫建五福五代堂，御制《五福五代堂记》。	《八旬万寿盛典》卷二十六，文渊阁四库全书电子版
1784	乾隆四十九年	—		雍和宫……宫之后室曰五福堂，世宗在潜邸时圣祖所书赐也。乾隆甲辰，皇玄孙载锡生因于此堂，及景福宫、避暑山庄皆书揭五福五代堂额。	[清]吴振棫《养吉斋丛录》
1785	乾隆五十年	一月	初七	初七，员外郎五德、库掌大达色、催长金江舒兴来说，太监鄂鲁里传旨：宁寿景福宫东南间址窗户上，成做春屏彩胜一件。景福宫明间东楼下南北门内板上，成做春胜二件。倦勤斋明间正宝座北墙上，成做春屏彩胜一件。倦勤斋西里间西墙上，成做春屏彩胜一件。俱量准尺寸发往苏州，成做得时随贡呈进。钦此。计开景福宫东南间北窗户春屏彩胜一件，面宽四寸一寸高二尺六寸五分。景福宫东楼下南北门春屏彩二件，面宽二尺三寸七分高二尺三寸。倦勤斋明间正宝座春屏彩胜一件面宽四尺二分高二尺一寸五分，倦勤斋西里西墙春屏彩胜一件，面宽二尺五寸五分高三尺三寸。于五十年十一月十六日苏州送到春屏彩胜四件呈进交原处安挂讫。	《清宫内务府造办处档案总汇》48，238页
1785	乾隆五十年	一月	初七	初七日员外郎五德库掌大达色催长金江舒兴来说，太监鄂鲁里交绛系三星图轴一轴，随玉轴头玉臂懋勤殿夜来白纸掛屏心纸样一张，上贴三星图颂，本文过上贴开口分位黄签。宁寿宫景福宫铜镀金字挂屏背板净心准，尺寸高七尺七寸五分……于本日太监常宁传旨宁寿宫景福宫现挂铜镀金字紫檀木挂屏一件，背后著照前面紫檀木边线一样添配边线。一堂图交宁寿宫。做样挂轴交御花花讫。 初七员外郎五德库掌大达色催长金江舒兴来说，太监鄂鲁里传旨：宁寿宫景福宫东间东墙现挂紫檀木边铜镀金字挂件，背后照前面紫檀木边线一样添做边线。另配一面花卉倒环换下倒环托挂钉做材料用将挂屏，净心量准高宽尺寸交如意馆画百子图样稿子呈览。钦此。于二月初八如馆交来宁寿宫，景福宫铜字挂屏背姚文瀚画百子图稿子本文纸样一张，传旨百子图画大边添画花边样呈览。钦此。	《清宫内务府造办处档案总汇》48，238、239页
1785	乾隆五十年	五月	十四日	十四日员外郎五德、库掌大达色、催长金涅舒两来将苏州送到热河烟雨楼二色金云龙地黑漆字横披一面、对一副、热河咸得堂二色金云龙地黑漆字横披三面、宁寿宫景福宫二色金云龙地黑漆字匾一面、对一副、文源阁二色金云龙地黑漆字横披二面各随托钉挺钩呈览奉旨俱，另配托钉挺钩得时将热河字横披字对著伊本家人送往热河安挂，其余字横披字对俱按原处安挂，钦此。	《清宫内务府造办处档案总汇》48，320、321页
1785	乾隆五十年	十月	廿八日	二十八日员外郎五德、库掌大达色、催长金江舒兴候缺笔帖式，福海将苏州织造四德送到白玉宜子孙珮五件，随原样一件青玉宝，二方私玉册页二分每分计十片青白玉宴碗二件宴盘二件，宁寿宫景福宫雕二色金云龙地黑漆字横披一面、圆明园五福堂雕二色金云龙地黑漆字横披一面……交乾黎清宫宁寿宫懋勤殿御书房各一瓶养心殿重华宫等处二瓶圆明园二瓶，钦此。	《清宫内务府造办处档案总汇》48，337、338页
1788	乾五十三年	十月	初五	初五郎中五德、员外郎大达色、库掌金江、催长舒兴笔帖式，福海来说，太监鄂鲁里交嵌玉蓉花式子母盒一副，景福宫传旨里打磨好仔口松动好。钦此。于初十将打磨好盒二件呈进交原处讫。	《清宫内务府造办处档案总汇》51，717页
1793	乾隆五十八年	七月	—	在景福宫陈设仪器，较之该国所造天球、地球做法更为细致。 令将景福宫陈设之仪器，于该贡使未到之先，送至热河。	《军机处档·乾隆五十八年七月军机处致金简等函》转引自章乃炜（2009）
1794	乾隆五十九年	十月	初四	……更思宁寿宫，乃朕称太上皇后颐养之所，地在禁垣之左。日后必不应照雍和宫之改为佛宇。其后之净室、佛楼，今即有之，亦不必废也。其宫殿，永当依今之制，不可更改。若我大清亿万斯年，我子孙仰膺昊眷，亦能如朕之享国日久，寿届期颐，则宁寿宫仍作太上皇之居。	《清高宗实录》
1795	乾隆六十年	十二月	十六日	谕朕纪年周甲，于丙辰元旦举行授受大典，王公等及文武百官庆贺礼成本应筵宴，但是日朕御太和殿授宝后，嗣皇帝御殿登极，若于是日复举行筵宴，仪节未免繁缛，是以初四特举千叟宴盛典，腊欢申庆，宣恺颁酺，即以示元正授政，于宁寿宫初御皇极殿，锡赉受贺，普迓春祺，诸庆俱备，其余繁文不必行矣。	《清高宗实录》

西历	朝年	月	日	文献内容（事件）	文献出处
	乾隆朝	—	—	宁寿宫建自康熙年间，乾隆三十六年皇上命重加增葺。宫垣南北长一百二十七丈余奇，东西宽三十六丈有奇。门六，正中南向者，恭悬御书额曰皇极门。东出者曰敛禧门，西出者曰锡庆门，又西向者曰履顺门、曰蹈和门，东向者曰保泰门。皇极门之内曰宁寿门，门内为皇极殿。殿庑东出者为凝祺门，西出者为昌泽门。皇极殿后为宁寿宫…… 宁寿宫后亘以横街，其东即保泰门，西即蹈和门，正中为养性门，门内为养性殿……养性殿后为乐寿堂……乐寿堂之西为三友轩……乐寿堂后为颐和轩……颐和轩后门额二，一曰"引清风"，一曰"抱明月"。门内为景祺阁。阁东厅宇三楹，阶前湖石上刊文峰二字，石洞口刊云窦二字，山亭额曰翠鬟。皆御书。养性门至景祺阁为宁寿宫中一路。 保泰门北，崇楼三重，上额曰畅音阁，中额曰导和怡泰，下额曰壶天宣豫。其北与畅音阁相对者为阅是楼……阁后殿宇前后共四所，前殿额曰寻沿书屋。后殿之东曰景福门，正中南向者为景福宫。殿阁下联曰：每闻善事先心喜；或见奇书辄手抄。皆御书。西壁恭悬御制五福颂。 景福宫正殿后为梵华楼，楼稍西为佛日楼……自保泰门至佛日楼是为宁寿宫东一路。 蹈和门内曰衍棋门，门内东宇额曰抑斋……东南隅额曰撷芳，其北额曰矩。皆御书。抑斋后为古华轩，轩西亭额曰楔赏亭……亭北为旭辉庭……古华轩后为遂初堂……东配殿额曰"怡志舒怀"，堂后叠石，屏面刊额曰"承晖"，曰"挹爽"。其西为延趣楼，东向……楼外亭额曰"笋秀亭"，北为萃赏楼……萃赏楼西连楼六楹为云光楼，楼内额曰"养和精舍"……萃赏楼后圆亭额曰"碧螺"，其北相对南向者为符望阁……符望阁前垣门东额曰"延虚"，曰"怡志"，西额曰"挹秀"，曰"澄怀"。阁后为倦勤斋……倦勤斋西廊外门额曰暎寒碧，内为竹香馆……符望阁西门外为玉粹轩，东向。	《钦定日下旧闻考》卷十八
	乾隆朝	—	—	外苍震门外街东为宁寿宫。【建自康熙年间，乾隆三十六年以后重加增葺】正中南向者曰皇极门，东出者曰敛禧门，西出者曰笃庆门，又西向者曰履顺门，曰蹈和门，东向者曰保泰门。皇极门之内曰宁寿门。门内为皇极殿，殿庑东出者为凝祺门，西出者为昌泽门。殿后为宁寿宫。宫后亘以横街，其东即保泰门，西即蹈和门，正中为养性门。门内为养性殿，殿后为乐寿堂，堂后为颐和轩，再后为景祺阁。自保泰门之北为畅音阁，其北与阁相对者为阅是楼。阁后为寻沿书屋。东北为景福门，正中南向者为景福宫，皇上有景福宫五福颂。乾隆四十九年因五代同堂之庆，额曰"五福五代堂"。宫之后为梵华楼，稍西为佛日楼。自蹈和门之内为衍祺门，门内东宇额曰"抑斋"，斋后为古华轩，轩后为遂初堂，堂之西为延趣楼，北为萃赏楼，其西为云光楼，额曰"养和精舍"。萃赏楼北相对者为符望阁，阁后为倦勤斋。符望阁西门外为玉粹轩，皆环属于宁寿宫者也。	《钦定皇朝通志》卷三十二
1796	嘉庆元年	正月	初四	上侍太上皇帝御宁寿宫皇极殿，举行千叟宴。	《清仁宗实录》
1798	嘉庆三年	—	—	嘉庆三年宁寿宫中、东、西路整个建筑群及其破损情况：景福宫殿内顶棚络绎迸裂，抱厦顶棚络绎迸裂，窗户纸糟旧，槅扇纸糟旧，博缝二槽槽烂。梵华楼上下窗户纸糟旧，殿内顶棚络绎迸裂，楠木门桶一座擅缝。佛日楼上下顶棚络绎迸裂，窗户隔扇纸糟旧，博缝一槽槽烂。景福宫至佛日楼等周围柱子塌板，窗台上下坎抱框金水油饰迸裂，景福宫东廊子连檐瓦口望板柱子二根俱糟烂，顺山房下坎门枕随墙门四座俱糟烂，炉坑二个木版烂，黄色琉璃勾头吊下二个，滴水吊下二个，仙人吊下二个，丁帽吊下三十个，特角大小吊下十二对，地面砖糟烂三十块，阶条石闪裂，梅花树池石闪裂，周围红墙找补提浆，包浆土画墙边迸裂，木影壁一座糟烂，周围群肩雨渍应用铲磨。	内务府呈稿，转引自高换婷（2005）
1802	嘉庆七年	—	—	景福宫，清康熙二十八年建，乾隆三十七年改葺，嘉庆七年修，光绪十七年重修。	章乃炜（2009）
1807	嘉庆十二年	六月	初八	又谕、昨日鸿胪寺衙门轮应承直。恭阿拉系兼管之员。于呈递膳牌后、当令奏事官传旨召见。讵恭阿拉并未亲身来园。随命军机大臣将恭阿拉误递膳牌缘由详加查询。嗣据查明、恭阿拉是日自紫禁城出班、即由彼处查看宁寿宫工程、已将不能赴园轮直之处、于三日前令家人告知该寺鸣赞主簿。	《清仁宗实录》

西历	朝年	月	日	文献内容（事件）	文献出处
	嘉庆朝	—	—	宁寿宫后为养性门，门外左出者为保泰门，右出者为蹈和门，西为衍祺门。养性门内为养性殿……养性殿后为乐寿堂……乐寿堂后为颐和轩……乐寿堂之西为三友轩……颐和轩西院为如亭……颐和轩后为景祺阁，东有厅舍三楹，左立山石，颜曰云峰……养性门之东为阅是楼……楼东竹院……楼后垂花门内为寻沿书屋。屋后为景福宫。院西为景福门。院内东有山石，颜曰小有洞天。宫内恭悬高宗纯皇帝御笔扁曰五福五代堂，联曰："燕翼仰贻谋，敛时五福；瓜绵征笃祜，至于万年。"西壁恭悬高宗纯皇帝御笔《五福颂》……楣间南向，联曰："句披月胁天心妙，窗纳千岩万壑风。"宫之东楼下，恭悬高宗纯皇帝御笔《五福五代堂记》……北楼上联曰："旭日正辉三秀草，光风不动万年枝。"东楼上联曰："每闻善事心先喜，或见书手自钞。"宫后为梵华楼，楼西为佛日楼。	《国朝宫史续编》卷五十九
	道光朝	—	—	宁寿宫，康熙闲建，外有景福门，内为景福宫，圣祖奉孝惠章皇后居此。乾隆闲御书五福颂，揭于宫中。门列奇石，曰文峰，西山产也。乾隆壬辰重修，授玺之后将以是为燕居地，故殿曰养性，轩曰颐和，堂曰遂初，室曰得闲，阁曰符望，斋曰倦勤，皆寓此意。然其后训政三年，孜孜无倦，迄未尝移跸也。	[清]吴振棫《养吉斋丛录》
1891	光绪十七年	—	—	景福宫，清康熙二十八年建，乾隆三十七年改革，嘉庆七年修，光绪十七年重修。	章乃炜（2009）
1892	光绪二十八年	三月	初三	仰祈圣鉴事，且于光绪二十八年三月初三奉懿旨，景福宫殿内装修著满撤去，按照现定式样成做等因，钦此。钦遵，在案。因上年方向不宜，未能兴修详查。今岁合宜，即应遵旨修理。奴才等率同司员进内详细履勘，除前奉懿旨传出内檐装修拆撤、挪移、改安遵办外，现查头停琉璃瓦片不齐，椽望木植均有糟朽。	内务府新整杂件，377卷
1926	—	一月	—	景福宫陈列各种有系统之史料。	《北平故宫博物院文献馆一览》（1932）
1930	—	十月	—	辟景福宫及阅是楼为史料及戏剧物品陈列室。	《北平故宫博物院文献馆一览》（1932）
1930				本馆陈列室，年来积极整理，力求扩充。除将原有之养性殿、颐和轩、乐寿堂等处，或改良装置，或扩充房屋外，复开放阅是楼、畅音阁、景福宫、神武门楼等处，添陈物品。兹分述于后……景福宫陈列各种史料及图象。	《故宫博物院事务报告》，1930
1931	—	六月	—	临时开放景福宫，陈列清代文字狱档、太平天国史料及康熙与罗马使节关系文书。	《故宫博物院事务报告》，1931
1931	—	十月	初十	再开放景福宫，换陈清代帝后像，并各种行乐图。	《故宫博物院事务报告》，1931
1932				本馆各陈列室，所陈列之物品，本年内均随时撤换，以防历时过久，致有损毁。并于本年双十节特辟景福宫为明清史料陈列室，将内阁大库检出之重要史料，如宋元版残书，明铁券，既吴三桂颁发之印记等，分类陈列，以供众览。	《故宫博物院文献馆工作报告》，1932
1934	—	—	—	景祺阁、景福宫及附近各处及总务处各科因移动房屋，均分别查勘以修理。	《故宫博物院总务处工作报告》，1934
1934			/	改换陈列物品……景福宫(内阁及军机处档案专门陈列室) 内阁文物未加更换，军机处添陈达赖奏表、安南恭谢表、各国照会、滇缅交界图、太平天国教谕，及诏书、晋抚锡良电报等件。	《故宫博物院文献馆工作报告》，1934
1935	—	十月	—	本馆为提倡一般参观者对于档案之兴趣起见，设普通陈列室……又为便于专家研究起见，特设专门陈列室……自九月起着手依此方法进行，至十月初，皆已布置就绪，计分下列各室……本馆景福宫陈列室，原陈列内阁及军机处两处文物，为避免混淆及陈列品起见，特将军机处档案移至养性殿东庑陈列。景福宫作为内阁专门陈列室，并按综合方法分类。	《故宫博物院事务报告》，1935
1936	—	—	—	景福宫内阁文物陈列室。	《故宫博物院二十五年工作报告》
1937	—	—	—	景福宫内阁文物陈列室。	《故宫博物院二十六年一月至六月工作报告》
1937	—	—	—	景福宫内阁文物陈列室。	《故宫博物院二十六年七月至十二月工作报告》
1938	—	—	—	修理景福宫院及西花园花池。景福宫内阁文物陈列室。	《故宫博物院二十七年工作报告》
1939	—	—	—	景福宫内阁文物陈列室。	《故宫博物院二十八年工作报告》

西历	朝年	月	日	文献内容（事件）	文献出处
1940	—	—	—	景福宫内阁文物陈列室。	《故宫博物院二十九年工作报告》
1941	—	—	—	景福宫内阁文物陈列室。	《故宫博物院三十年工作报告》
1943	—	—	—	筹划将景福宫内阁陈列室移至宁寿宫东配房，复于宁寿宫西边北房添辟宗人府陈列室，所有以上两处修裱房屋，添置陈列柜架诸事宜大致就绪。	《故宫博物院工作报告三十二年一月至六月》
1945	—	—	—	恢复内阁档案陈列室，将原存景福宫之内阁档案移至宁寿宫东庑陈列。	《故宫博物院北平本院八年工作报告二十六年七月至三十四年九月》
1947	—	—	—	本馆历年由各宫殿提集之各项物品，最重要者存延禧宫库房，次要者分存景福宫及馆中库房，原均分别编目，惟有同类物品，原因出租之方便而分存两处者，或目录中已编号，而原件未检号牌者，现拟一面将同类物品集中，一面按件核对，补加号牌，并编入库总目及分类总录，以便慎重保管。	《故宫博物院文献馆三十六年三月工作报告》

参考文献

[1] 章乃炜. 清宫述闻（初续编合编本）[M]. 北京: 故宫出版社, 2009.

[2] 许以林. 宁寿宫的花园庭院[J]. 故宫博物院院刊, 1987(01): 70‒80.

[3] 王子林. 乾隆太上皇宫宁寿宫营建考[J]. 故宫学刊, 2011(00): 122‒143.

[4] 张淑娴. 倦勤斋建筑略考[J]. 故宫博物院院刊, 2003(03): 53‒61.

[5] 高换婷, 秦国经. 清代宫廷建筑的管理制度及有关档案文献研究[J]. 故宫博物院院刊, 2005(05): 293‒310, 375.

[6] 方裕瑾. 光绪十八至二十年宁寿宫内改建工程述略[C]//中国紫禁城学会. 中国紫禁城学会论文集（第二辑）. 北京: 中国紫禁城学会, 1997: 270‒274.

[7] 故宫博物院编.故宫博物院档案汇编[M]. 北京: 故宫出版社. 2015。

景福宫相关御制诗文

康熙御制诗文

宁寿宫颂

天开寿域，地会瑶池。

南极添算，北辰降慈。

螽斯衍庆，白鹤来仪。

躬劳着训，福祉永绥。

恭献长寿，敬托腐词。

——《圣祖仁皇帝御制文集》第四集卷二十四

景福宫颂

慈颜懿教，祇奉铭箴。

福祉灵寿，遐龄喜深。

松筠玉树，绕砌清音。

淑德纯嘏，萱枝茂林。

挥毫敬颂，永日葵心。

——《圣祖仁皇帝御制文集》第四集卷二十四

乾隆御制诗

五福五代堂记　乾隆四十九年

五福堂者，皇祖御笔赐皇考之匾额也。我皇考敬谨摹泐奎章于雍和宫、圆明园，胥用此颜堂以垂永世。丙申年，予葺宁寿宫内之景福宫，以待归政后宴息娱老。景福者，皇祖所定名以侍养孝惠皇太后之所也。予曾为五福颂，以书屏而未以五福名堂者，盖引而未发，抑亦有待也。兹蒙天贶，予得元孙，五代同堂，为今古希有之吉瑞，古之获此瑞者，或名其堂以芗其事，则予之所以名堂，正宜用此五福之名，且即景福宫之地，不必别有构作，而重熙累庆，仍即皇祖、皇考垂裕后昆，贻万世无疆之庥也。若夫获福必归于好德，而好德尤在好其善，以敛锡厥庶民，五章之中，三致意焉，兹不复赘。予子孙曾元读是记及堂中五福颂者，应敬思皇祖、皇考所以承天之福，必在于敬天爱民勤政亲贤，毋忘旧章，予之所以心皇祖、皇考之心，朝乾夕惕，不敢暇逸，以幸获五代同堂之庆，于万斯年恒保此福，奕叶云仍，可不勉乎？可不慎乎？

——《高宗睿皇帝御制文集》二集卷十五

五福颂有序　乾隆四十一年

宁寿宫后曰景福宫，我皇祖奉孝惠皇太后所居也。余既豫葺宁寿宫为归政后燕憩之所，而景福宫则仿建福宫中静怡轩之制鼎新之。轩有屏，尝撰五事箴，揭之以代铭座。斯宫义取颐养，实惟五福为宜。夫五福世所艳称，顾昔人无阐之者。爰颂而列诸黼扆。第考洪范五福，传疏或分诠，或递释，无所专主。余以为寿、富、康宁及考终命皆受之于天，而好德则备之于人。玩五皇极之辞曰：予攸好德，汝则锡之福，与此互相发明。中庸言位禄名寿，必推本于大德，足为五福主德之证。而正蒙所云德者福之基，福者德之致，尤深切而着明。余故于攸好德之颂详畅厥旨。然帝王之福乃天下之公而非一身一家之私。其征自与常人异。诚如所期，信为备福。余益惟敬修德以迓天庥而弗敢期其必。

箕畴凡九，极建惟五。敛时五福，其目未谱。

于九详焉，寿为初祜。华封所祝，麦邱所语。

唐尧则辞，齐景则喜。圣弗圣兮，于斯可睹。

景福之宫，肇我皇祖。竹苞松茂，以养圣母。

岁久重葺，倦勤拟居。作此屏扆，五当其数。

衍绎范言，颂是曼寿。诗引昌黎，敢怠永久。

右寿

国君大夫，问富答殊。有天下者，奚问答诸。

既艰问答，其富若无。然亦有焉，乃在民乎。

宣尼正对，万世帝模。省力薄赋，犹可勉图。

时若雨旸，屡丰难期。是用危惧，敢诩尊居。

又若求材，常若不足。艰致者多，讵曰金珠。

莵裘豫营，勒此屏辞。设诚符望，肩卸心娱。

右富

皇清开国，承运奉天。宅中建极，敷锡八埏。

兹百余载，将万斯绵。三圣继承，谟烈丕宣。

藐予小子，佛时仔肩。治国康宁，夕惕朝干。

爱民祈岁，察吏求贤。虽有梗化，弗致蔓延。

九州安内，万里拓边。幸未陨越，敢为甓言。

八旬有五，拟兹引年。敬之一字，用作心传。

右康宁

福何由生，端在乎德。德复在好，人我胥棘。

顾名思义，行道有得。然殊吉凶，原道言忆。

吉则征善，凶必召慝。应好其善，乐乃无射。

五福之四，赅彼四则。皇极敷锡，无好必斥。

作汝用咎，禄贤是笃。五九相应，训君尤亟。

励以多年，子云敬式。垂老弗谖，蕲告方来。

右攸好德

践阼之初，炷香告天。设蒙洪庥，历六十年。

便当归政，以授后人。岂图逸豫，有愿于中。

于穆皇祖，幼龄居尊。六十一载，化被海壖。

小子廿五，继体乘乾。敢同祖历，耄耋况臻。

新兹景福，爰待即闲。存吾顺事，横渠铭焉。

九畴所云，五福冀全。然未敢必，敬俟天恩。

——《高宗睿皇帝御制文集》二集卷三十七

避暑山庄五福五代堂记　乾隆五十二年

　　五福五代堂之扁既额于宁寿宫之景福宫，兹复额于避暑山庄者，何故？敬维本朝家法于凡内殿理事处御书之扁，莫不历代模勒，以志继绳殷志。故正大光明自世祖至今四世，勤政殿自圣祖至今三世，摹额诸楹，是训是行，章章可考。自世祖书正大光明四字悬于乾清宫，嗣是圣祖之观德殿，世宗之圆明园，予又书之避暑山庄勤政殿，凡三。在瀛台者圣祖所书，在圆明园者世宗所书，予于香山静宜园及兹避暑山庄亦书之。予因是而绎恩之正大光明，修身正心之要，勤政则治国平天下之本也，内外交勖本末相资触于目而儆于心，敢不以是为棘乎。若夫五福五代之堂则自予始，予蒙祖考之佑，昊天之眷，古希有七曾元绕膝，是宜题堂以芘其事而励其钦然。五福之名实亦皇祖昔年所赐皇考之堂名也。皇祖御书五福堂扁额，赐我皇考，敬谨摹勒悬之雍和宫及圆明园。乾隆丙申予葺宁寿宫内之景福宫，以待归政后居之。因为《五福颂》书之屏间。至甲辰，予得元孙，五代同堂，为古今希有之瑞，因即景福宫增书五福五代堂之额志庆。五福之义见于景福宫之记，讫不复缀。兹特举历世所为正大光明勤政之书，以申寅修身正心治国平天下之训，盖守此训然后可以保五福，是则相需殷而相得彰。我子孙曾元敬承天贶，世世书此，必思祖宗垂训之意，栗栗危惧永保天命，可不覆乎。因用此例书五福五代堂之扁，以额于避暑山庄勤政殿之后殿，盖此山庄即予十二岁时受皇祖教养深恩之处也，今得五代同堂神御咫尺，有不愉悦而庆幸者乎，则予所以慕含饴而惧陨越，又岂言辞所能宣述者哉。设予子孙不负祖宗垂训，惟日孜孜正心修身治国平天下，或邀天锡，亦得若予五代同堂而重书五福五代堂之扁，以额各处，又予所永望而不敢必者也。是为记。

——《高宗睿皇帝御制文集》三集卷七

题景福宫　乾隆四十一年

式拟静怡室，是宫仿静怡轩之制为之，名则仍景福之旧。

题仍景福楣。

琴书无俗韵，

花木有仙姿。

雨后润生础，新正屡雪，昨复微雨，地气湿润，大似江南。

春来日下墀。

缀辞成五颂，

好德敢忘之。近制《五福颂》，揭之此处屏间，颂意以攸好德为主，兼用自勉也。

　　　　——《清高宗御制诗集》四集，卷三十四

文峰诗　乾隆四十一年

昨于西山得玲珑峰，树之文源阁，既为之歌，兹以其副置于景福宫之门，名曰"文峰"，而系以诗。

物有一分必有偶，伯兮叔兮相与友。

玲峰既峙文源阁，文峰讵复藏岩薮！

赍然肯来树塞门，景福宫前镇枢纽。

是处拟为归政居，老谢远游迓斯守。

皇山较之实卑之，却笑犹堪拜米叟。

巨孔小穴难计数，诡棱奇卉自萦纠。

西山去京无百里，车载非关不胫走。

洞庭湖石最称珍，博大似兹能致否。

宋家花石昔号纲，殄民耗物鉴贻后。

岂如畿内挺秀质，弗动声色待近取。

抑仍絜矩于人材，政恐失之目前咎。

设因文以寓词锋，姑俟他年试吟手。

　　　　——《清高宗御制诗集》四集，卷三十四

五千叟宴联句用柏梁体有序　乾隆五十年

福五代歌绵绵。甲辰闰三月，上喜得元孙，即宁寿宫之景福宫，颜曰五福五代堂，且为之记，以志古今希有之瑞。复念我朝自太祖高皇帝至皇上六世，下至皇元孙为十世，因命宗人府查太祖长子褚英支下，得奉字派二人赐名曰奉福、奉寿，盖自太祖以下为十一世矣，足征我祖宗积庆之厚，尤际今圣神笃祜之隆。内阁学士臣塔彰阿。

　　　　——《清高宗御制诗集》五集，卷十一

五福堂有咏

尧额楣间焕，舜欢膝下承。今来老年者，昔忆幼龄曾。敛锡箕畴龟，惕乾羲象仍。同堂欣五代，昔皇祖御笔书此额以赐，皇考恭悬潜邸此堂，用昭垂裕。昨岁余得元孙五世同堂，因即景福宫之地颜曰"五福五代堂"，数典实由于此。详见所制《五福五代堂记》中。祖考肇麻徵。

　　　　　　　　　　　　——《清高宗御制诗集》五集，卷十二

五福五代堂联句有序　乾隆五十一年

凛兹天所贶非轻，御制志意诗中有"获兹惟益凛天思"之句，仰见皇上凝承昭事一气感通。

古来亦有芗其事。

时至应知候不争，皇上葺宁寿宫内之景福宫曾御制五福颂书屏，而未以五福名堂者，盖引而未发。今五代一堂，天庥国庆，允协昌期，累洽重熙，斯为极盛。

五福语从洪范演。【臣纪昀】

重修宫忆考工营，丙申年宁寿宫落成及今十载。

前宁寿写庙堂制。宁寿宫之制仿坤宁宫为归政后祀神之所，其前为皇极殿则朝堂规制将来受朝所临御也。

后景福图燕寝亨，

圣祖当年奉孝惠。景福宫为皇祖恭奉孝惠皇太后所居，详见《五福颂序》。【御制】

皇王作宇养升平，

庭披都福东分爬。宁寿宫在景运门之东。

室邃颐和左接楹，宫制分中东西三路，而景福宫为宁寿宫东路。

象取日升沧澥上。【臣彭元瑞】

宿临星寿角亢莹，角亢为东七宿之首，尔雅寿星角亢也。

翠鬟云窦盘岎峭，景福宫相近有翠鬟亭，又有石洞镌云窦二字。

佛日梵华垂珞璎，佛日梵华二楼俱在景福宫后。

保泰门开横雉堞。保泰门东出正对紫禁左垣。【臣董诰】

畅音阁迥面雕甍，阁在景福宫前，以上皆宁寿宫东路，与景福宫密迩。

年长者石文而质。文峰石在景福门之外。

春盎有梅元起贞，景福宫西楹外植梅。

内外福连楣藻丽。景福宫额悬门外，前檐堂内悬五福五代堂扁。【臣庄存与】

诗书典引帖芝荣，堂内御笔联云：燕翼仰贻谋敕时，五福瓜绵征笃祜。至于万年句述诗书义蕴广大。

不华不朴居惟适。

即旧即新役岂更，

宝示诸有典有则。皇上七旬万寿镌古稀天子宝，甲辰既额斯堂，又镌五福五代堂宝，又连其文镌五福五代堂古稀天子宝奎章。宝帐皆钤用之。【臣陆费墀】

记言之为法为程，前年既揭堂额因作记以述事垂训。

御园藩邸恒钦仰。五福堂额乃皇祖御书以赐皇考者，皇考敬摹于雍和宫、圆明园，皆用之以颜堂。予自少至今，朝夕每深钦仰。

敛巳锡民永惠行，

有待额斯竟如愿。予临御五十年，未循五福之名遽以颜堂者，盖有待天庥而邀祖贶，今竟得古今希有吉瑞，实我国家万世子孙申锡无疆之庆也。【御制】

——《清高宗御制诗集》五集，卷十九

题景福宫　乾隆五十五年

当年景福荐鸿称，

五福幸今五代增。乙未于此曾制《五福颂》书殿屏，甲辰喜见五代元孙，因用皇祖所赐皇考五福堂之名，增五代二字，悬殿中，敬识天庥。

敛锡三朝庆家法，

惕乾百世保庥征。

永言惟敬渊衷勖，

自顾何修昊贶膺。

兹获箕畴念时叙，七十寿时，曾镌古稀天子之宝。兹当八帙初开，复镌八征耄念之宝，庆协箕畴，益殷时叙，用冀仰酬鸿赐。益承天眷益兢兢。

——《清高宗御制诗集》五集，卷五十一

八征耄念之宝联句　有序

三忧五福训长敷，御制景福宫五福颂，引洪范五皇极之辞曰"予攸好德，汝则锡之福"，发明帝王之福乃天下之公，而非一身一家之私，其征自与常人异，而于读洪范篇中备论不能去三曰忧之义，所谓先天下之忧而忧，皇极敦言于洪范三致意焉。

羹墙额赐堂添庆。圣祖御书五福堂匾额赐世宗，恭摹悬之雍和宫及圆明园。乾隆丙申皇上茸宁寿宫之景福宫，因作五福颂，书之屏间，至甲辰皇上喜得元孙，五代同堂，而于圆明园及避暑山庄勤政殿后亦悬是额，并镌五福五代堂古稀天子宝以志庆。【臣达椿】

······

黼屏宁寿颂曾阐。宁寿宫后景福宫御制五福颂，揭诸屏扆推明福基德致之说。【臣阿桂】

——《清高宗御制诗集》五集，卷五十一

题景福宫　乾隆六十年

华之受即勋之授，

乙卯丙辰两岁连。

今日过当成昨日，

明年至喜号元年。

惟精惟一钦心法，

日就曰将勉治筌。

联咏箕畴幸如愿，自昨辛亥岁新正联句，以洪范九五福排岁为题，至今岁六十年乙卯，而五福适全，仰蒙昊贶，联咏箕畴，俱如所愿。来岁丙辰传位嗣皇帝，而予践祚之初，告天之词，幸获符望，不特三代以后未有伦比，即唐虞授受，非属父子，亦不能若予承受天恩为独厚。予之感戴兢惕，更当何如耶！

深蒙昊贶益夔然。

——《清高宗御制诗集》五集，卷九十三

五福五代堂识望　乾隆六十年

箕畴九向兆祥言，

皇祖书勋皇考尊。

历岁久经瞻潜邸，皇祖御书五福堂以赐皇考，恭悬潜邸，即今雍和宫之后寝也。

践基重以署名园。皇考践位后于圆明园中复摹奎章悬之是处，予于甲辰得见元孙，因即于是堂并宁寿宫之景福宫，及避暑山庄各增名五福五代堂匾额，仰惟诒谋笃庆，肇锡嘉祥。而予今岁在位六十年，幸符初愿，明岁即当归政，仰荷鸿禧，实为史册之所罕觏，既以自庆更倍悚敬。

钦承好德修身切，

幸近考终归政繁。

五代孙欣年十二，

踰三企望见来孙。元孙载锡年已十二再踰三年即可以得见来孙矣。

——《清高宗御制诗集》五集，卷九十四

嘉庆御制诗

五福五代堂敬赋

圣人备五福，

五代庆同堂。

德厚培基固，

源深衍泽长。

六旬傅后禩，

七世迪前光。

盛事皇家聚，

覃敷普吉祥。甲辰岁，皇父得五代元孙，于景福宫五福堂增书五福五代堂之额。丁未年，复书额于避暑山庄勤政殿之后。今元孙年已十三，阅时即可见六世来孙，洵为皇家盛事。

——《清仁宗御制诗》初集，卷四

五福堂敬述

五代即欣见六代，康熙间圣祖仁皇帝书五福堂额赐，世宗宪皇帝恭摹悬于雍和宫、圆明园。至甲辰岁，皇父庆得元孙，于宁寿宫之景福宫书五福五代堂额，作记以纪。丁未复书额悬于避暑山庄勤政殿，作避暑山庄五福五代堂记，今春元孙载锡已成婚礼，即可见六代来孙。兹于御园瞻仰，璇题溯圣，圣相传延，洪锡羡诒，燕无穷弥，于敛福敷，福之义寻，绎无穷也。

——《清仁宗御制诗》初集，卷十九

五福五代堂敬赋

上塞堂开重本源，康熙间圣祖御书五福堂额，赐世宗，恭摹泐悬于雍和宫、圆明园。乾隆丙申，皇父葺宁寿宫内之景福宫，制五福颂张之屏间。甲辰得五代元孙，增书五福五代堂之额，并作记以志庆。丁未复书，悬于山庄勤政殿后，作避暑山庄五福五代堂记，备述本朝列圣递书正大光明勤政等额，以示传心立政之本，而期后嗣子孙世守家法，以保五福，用敬承天贶并得常书五福五代堂之额，诒谋垂裕之恩意真同覆焘也。

圣全五福荷天恩。

共钦久道，

九旬父仁见新增六代孙。

庆协三多同覆冒，

德征四得永滋蕃。【子臣】

深幸逢嘉会，

庭训日聆心敬存。

——《清仁宗御制诗》初集，卷二十

书福联句 有序

五福联吟五代望。五福堂……

——《清仁宗御制诗》二集，卷十七

周甲延禧之宝联句有序

堂开五代仰楣悬。伏读圣制《五福五代堂记》，曰五福堂者皇祖御笔赐皇考之匾额也，我皇考敬谨摹泐奎章于雍和宫、圆明园，胥用此颜堂以垂永世。丙申年予葺宁寿宫内之景福宫，以待归政后宴息娱老。景福者，皇祖所定名以侍养孝惠皇太后之所也，予曾为五福颂以书屏，而未以五福名堂者，盖引而未发，抑亦有待也。兹蒙天贶，予得元孙，五代同堂，为古今稀有之吉瑞。古之获此瑞者或名其堂以芟其事，则予之所以名堂，正宜用此五福之名，且即景福宫之地，不必别有构作，而重熙累庆仍即皇祖、皇考垂裕，后昆贻万世无疆之麻也。若夫获福必归于好德，而好德尤在好其善，以敛锡厥庶民，五章之中三致意焉兹不复赘，予子孙曾元读是记，及堂中五福颂者，应敬思皇祖皇考所以承天之福必在于敬天爱民勤政亲贤，毋忘旧章，予之所以心，皇祖皇考之心，朝乾夕惕，不敢暇逸，以幸五代同堂之庆于万斯年，恒保此福奕叶云仍，可不勉乎，可不慎乎，伏读圣记，昭堂构之，钦承蕈缵绳而勿替云楣巍焕日月同悬。

——《清仁宗御制诗》余集，卷一

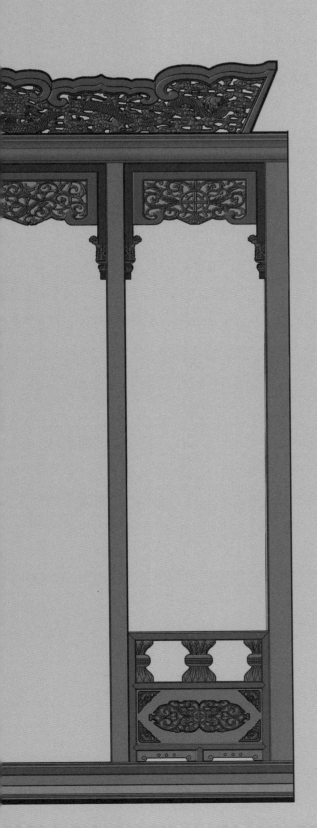

故宫古建筑图说·景福宫

图版篇

· 渲染图
· 测绘图
· 模型表现图
· 点云及正射影像图
· 照片

渲染图

景福宫组群西立面

景福宫正殿南立面

景福宫南侧游廊北立面

景福宫正殿北立面

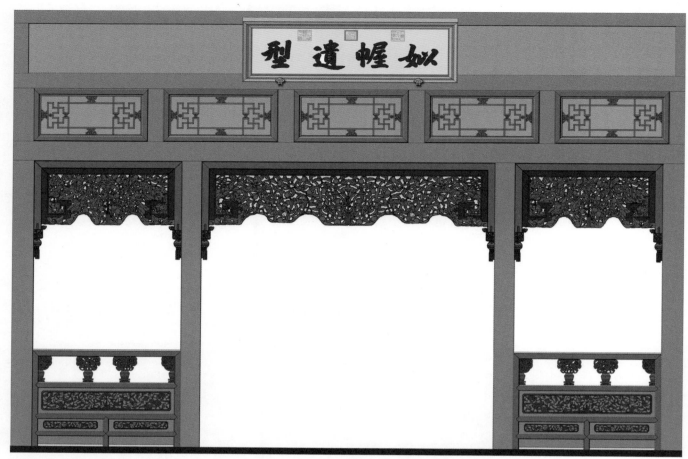

正殿中卷东次间东缝栏杆罩大样图

正殿后卷明间东缝隔扇槛窗门口大样图

正殿后卷明间后檐毗庐帽栏杆罩大样图

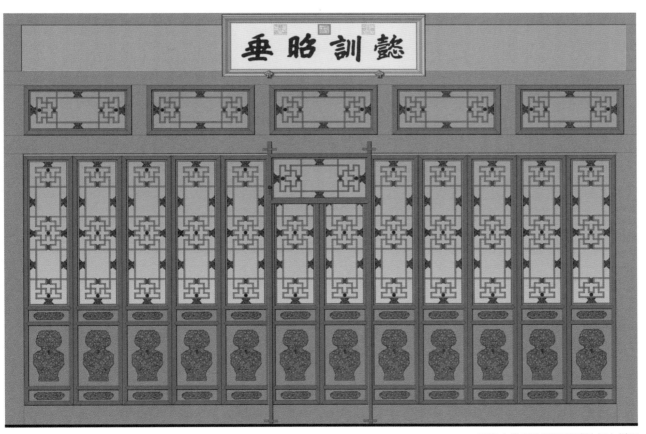

正殿中卷西次间西缝碧纱橱大样图

接梵华楼

陈设

陈设

树

陈设

陈设

陈设

陈设

陈设

陈设

树

树

树

景福宫 ±0.000

东值房 -0.200

1

26641

2022　21760　2089　770

5649

8881

32947

5602

11255

1560

2037

15494

15330

4　4

2　2

3　3

水缸

陈设

树

陈设

水缸

景福门 -0.160

-0.901

陈设

树

陈设

陈设

陈设

陈设

树

水缸

-0.901

水缸

陈设

树

陈设

游廊 -0.160

-0.901

陈设

树

陈设

1

958　2103　2033　19637　2139　738

27607

北

景福宫组群总平面图

0　1　2　5m

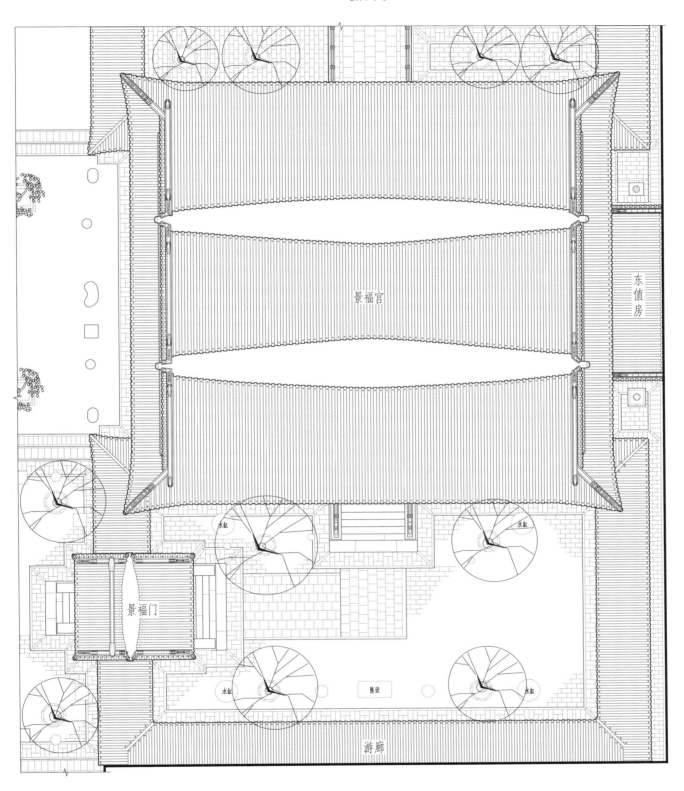

接梵华楼

东值房

景福宫

水缸

水缸

景福门

水缸

陈设

水缸

游廊

北

0 1 2   5m

景福宫组群屋顶平面图

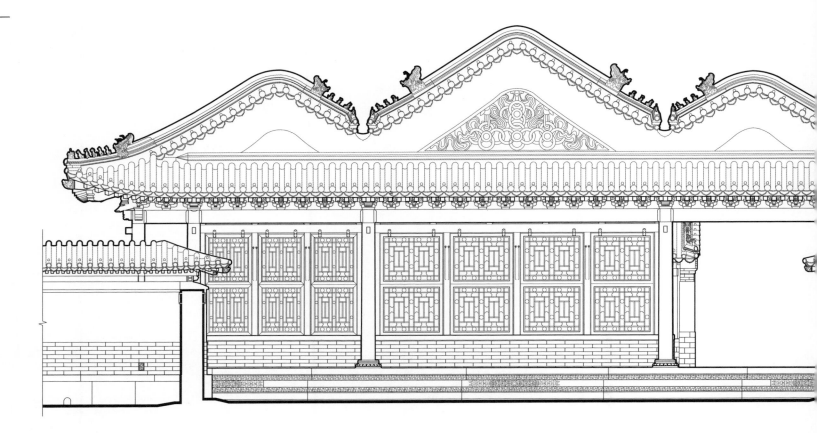

景福宫组群西立面图

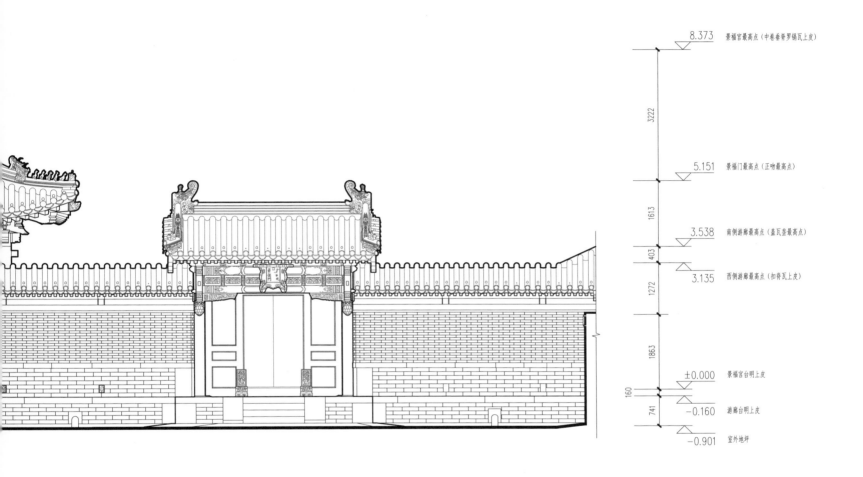

8.373 景福宫最高点（中卷垂脊罗锅瓦上皮）

3222

5.151 景福门最高点（正吻最高点）

1613

3.538 南侧游廊最高点（盖瓦垄最高点）

403

3.135 西侧游廊最高点（扣脊瓦上皮）

1272

1863

±0.000 景福宫台明上皮

160

-0.160 游廊台明上皮

741

-0.901 室外地坪

0   1   2   3m

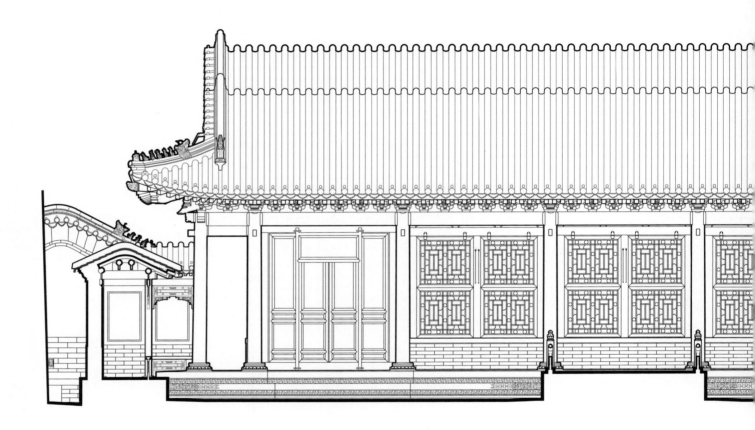

景福宫组群北立面图

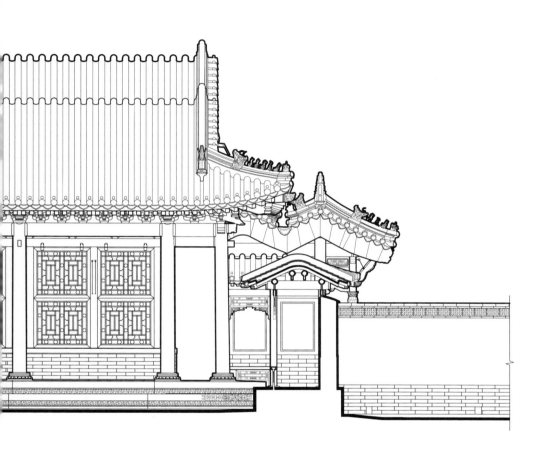

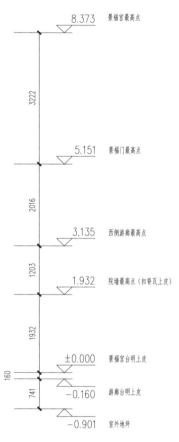

8.373 景福宫最高点

3222

5.151 景福门最高点

2016

3.135 西侧游廊最高点

1203

1.932 院墙最高点（扣脊瓦上皮）

1932

±0.000 景福宫台明上皮

160

741 -0.160 游廊台明上皮

-0.901 室外地坪

0　　1　　2　　3m

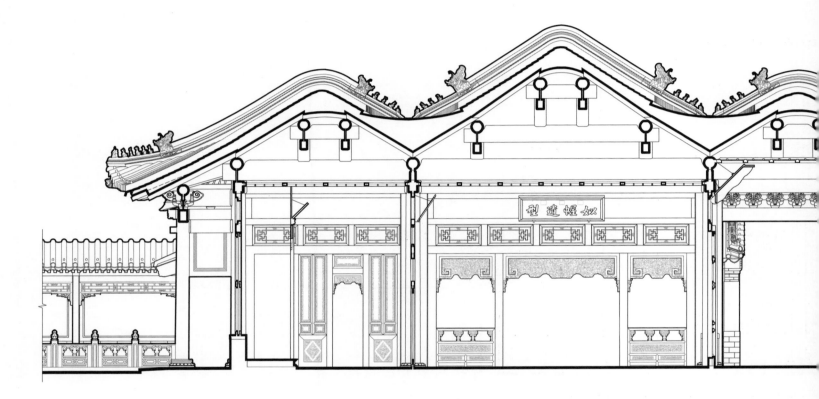

20132

景福宫组群1-1剖面图

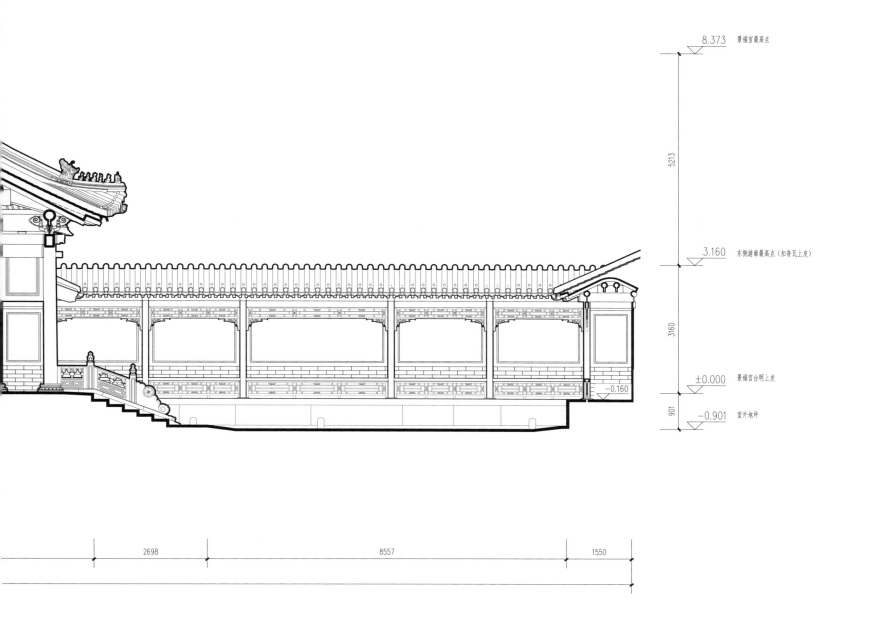

8.373 景福宫最高点

5213

3.160 东侧游廊最高点（扣脊瓦上皮）

3160

±0.000 景福宫台明上皮

−0.160

901 −0.901 室外地坪

2698　8557　1550

0　1　2　3m

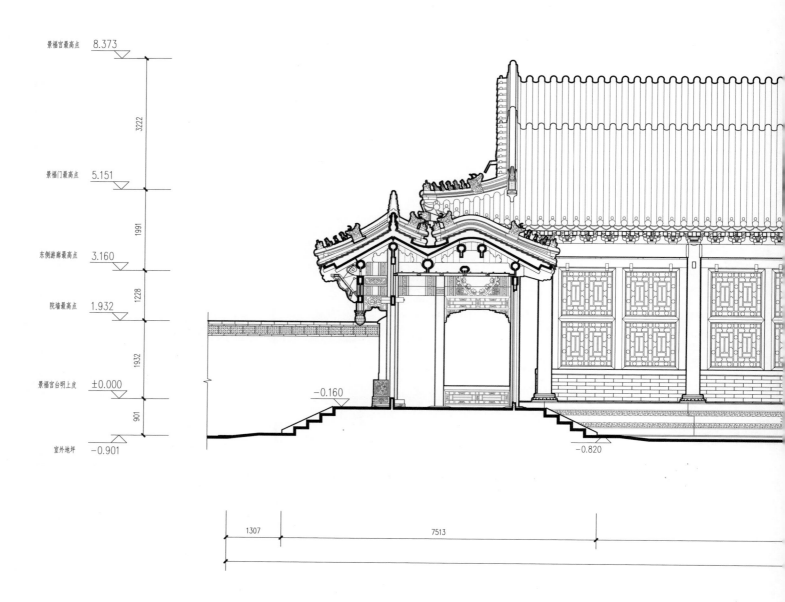

景福宫最高点 8.373 ▽

3222

景福门最高点 5.151 ▽

1991

东侧游廊最高点 3.160 ▽

1228

院墙最高点 1.932 ▽

1932

景福宫台明上皮 ±0.000 ▽

901

室外地坪 −0.901 ▽

−0.160 ▽

−0.820

1307

7513

景福宫组群2-2剖面图

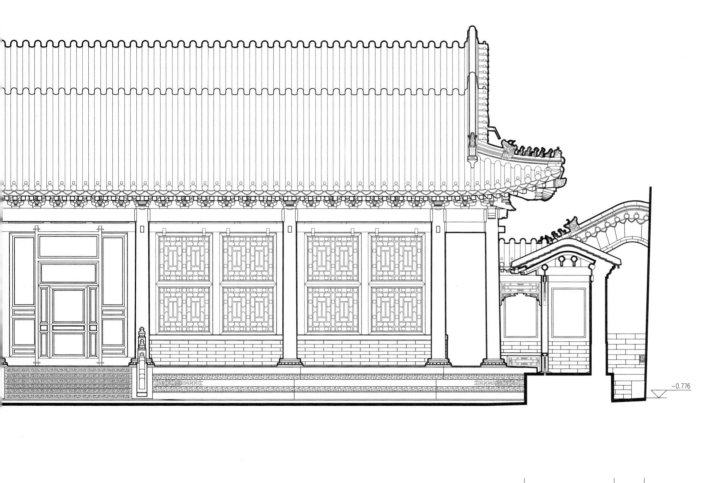

18424　　　　　　　　　　　　　　　　　2138　　720

30102

−0.776

0　　1　　2　　3m

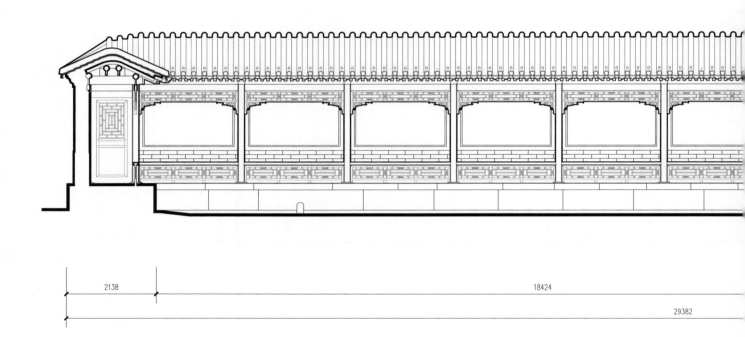

2138

18424

29382

景福宫组群3-3剖面图

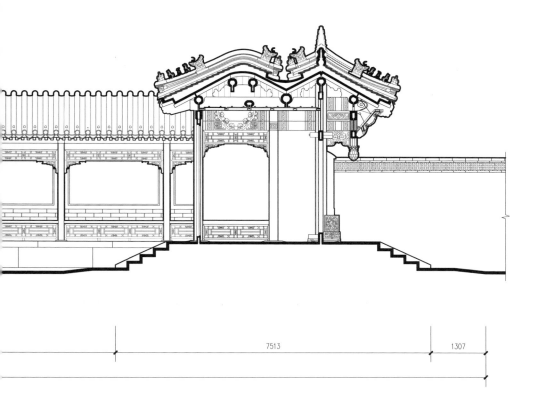
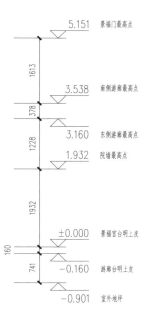

5.151 景福门最高点

1613

3.538 南侧游廊最高点

378

3.160 东侧游廊最高点

1228

1.932 院墙最高点

1932

±0.000 景福宫台明上皮

160

-0.160 游廊台明上皮

741

-0.901 室外地坪

7513

1307

0 1 2 3m

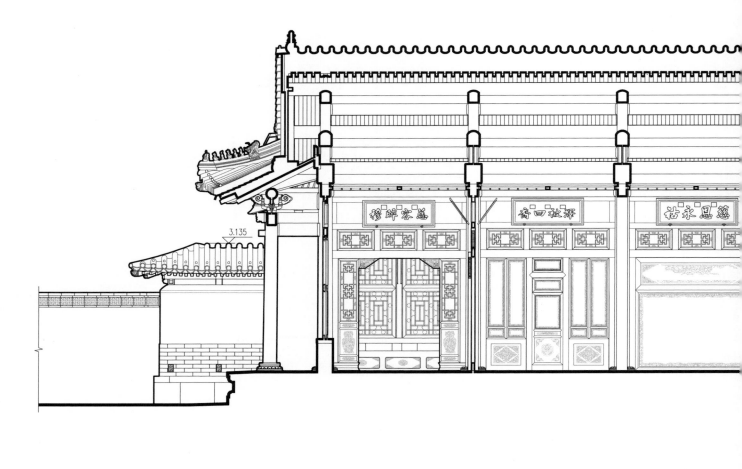

3.135

1730

22340

26439

景福宫组群4-4剖面图

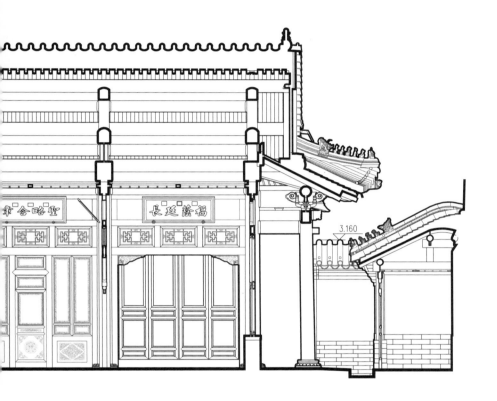

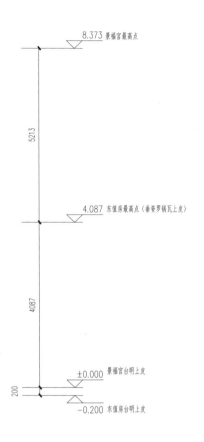

2369

8.373 景福宫最高点

5213

4.087 东值房最高点（垂脊罗锅瓦上皮）

3.160

4087

±0.000 景福宫台明上皮

200

−0.200 东值房台明上皮

0　1　2　3m

北

0 0.5 1m

340
555
583
587
320

6505

B
A

3537

2560

765

1793

1010 1168

1130

1406

2514

3

2

1

3

2

1

柱径 225X225
散镦上皮 390X388
柱顶盘 538X560
柱高 3204

柱径 225X225
散镦上皮 387X388
柱顶盘 550X568
柱高 3204

柱径 276X276
散镦上皮 456X437
柱顶盘 575X574
柱高 3865

靠手面垫木 460X230

849
289
294
307
276
849

3537

6401

B
A

景福门平面图

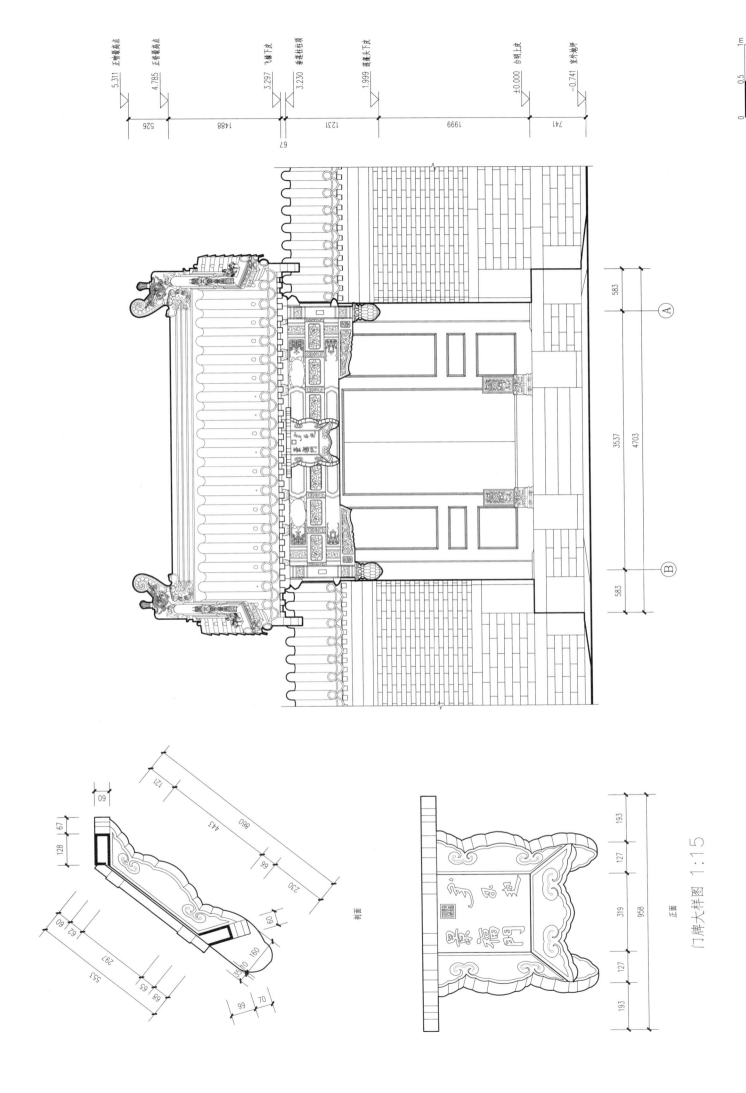

门牌大样图 1:15

正面

斜面

景福门西立面图

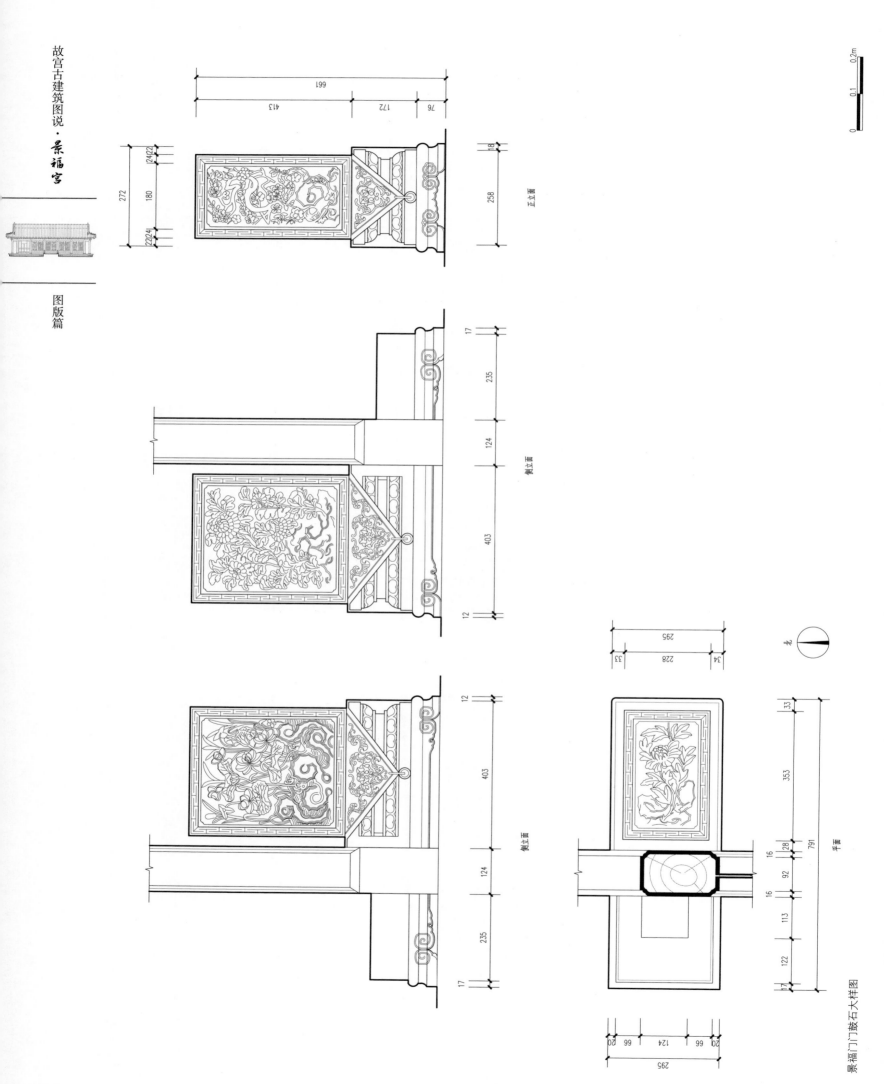

正立面

侧立面

侧立面

平面

景福门门鼓石大样图

0 0.1 0.2m

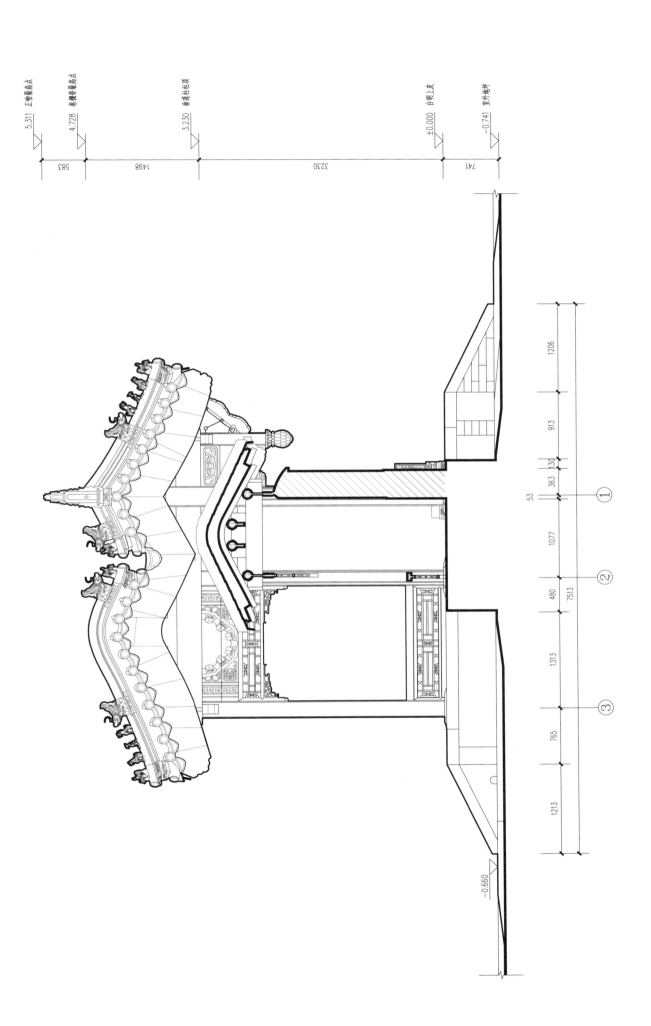

景福门北立面图

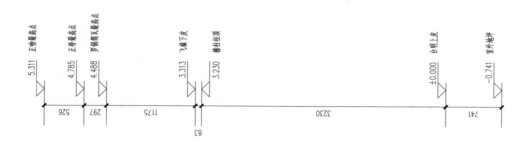

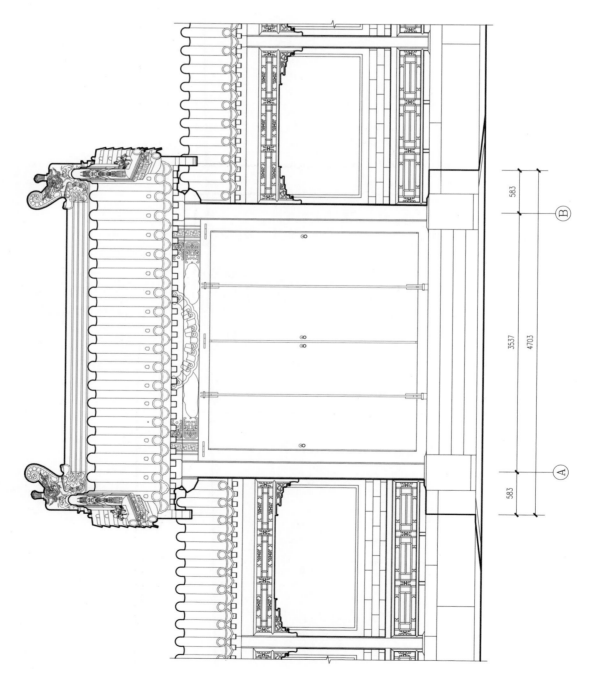

5.311 正脊黄上点
4.785 正脊黄点
4.488 罗锅青瓦最高点
3.313 飞椽下皮
3.230 檐柱柱顶
±0.000 台明上皮
-0.741 室外地坪

526 297 1175 83 3230 741

583 3537 4703 583

Ⓑ Ⓐ

景福门东立面图

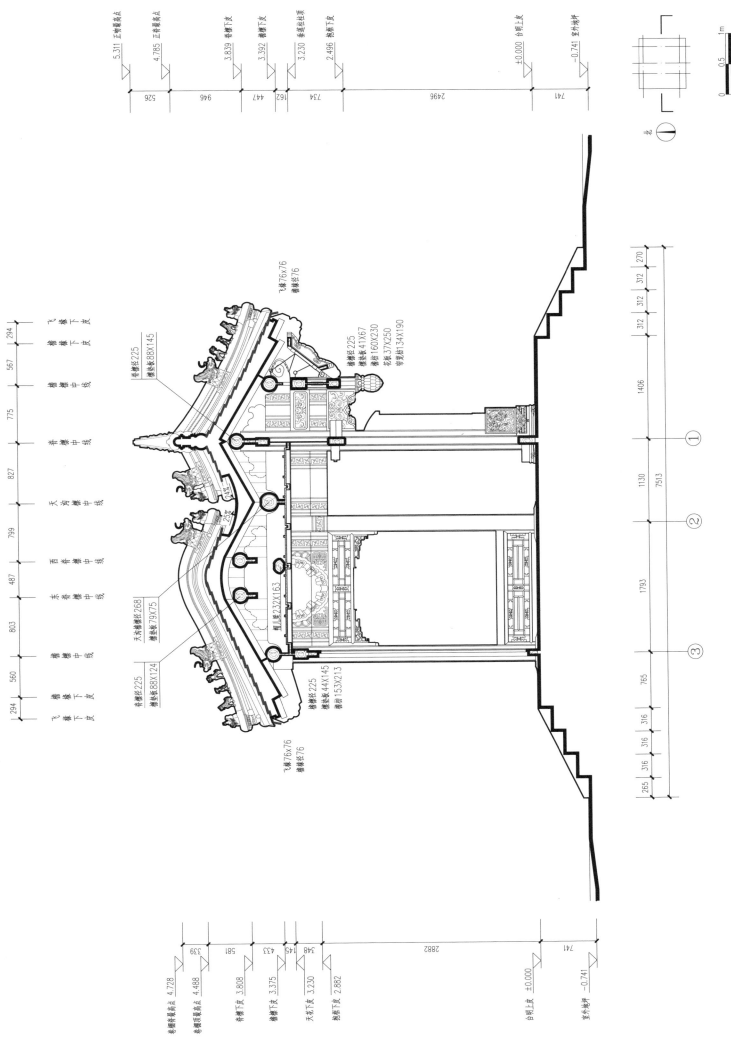

景福门1-1横剖面图

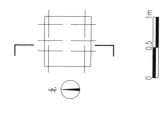
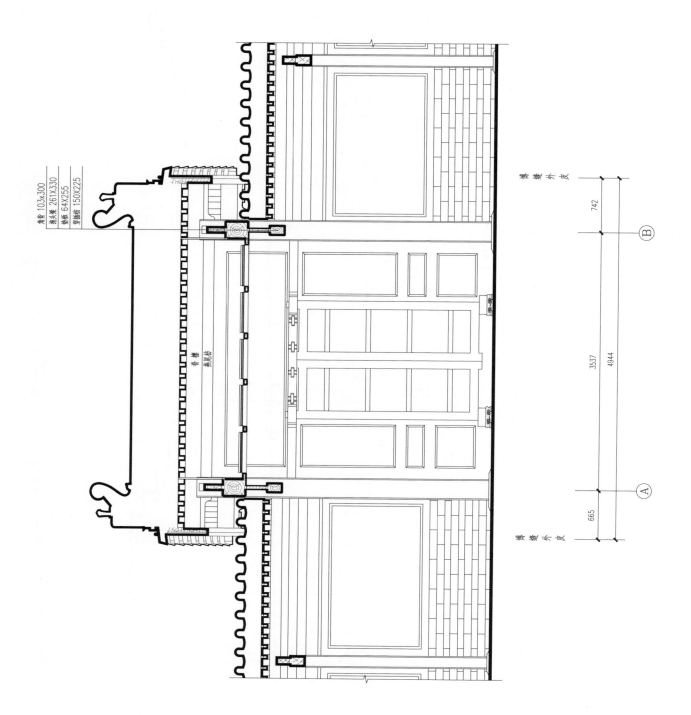

角背 103x300
燕尾枋 261X330
垫板 64X255
穿插枋 150X225

正脊脊高点 5.311
正脊脊高点 4.785
檐柱头 3.890
台明上皮 ±0.000

526
895
3890

742
3537
4944
665

景福门门2—2纵剖面图

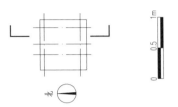

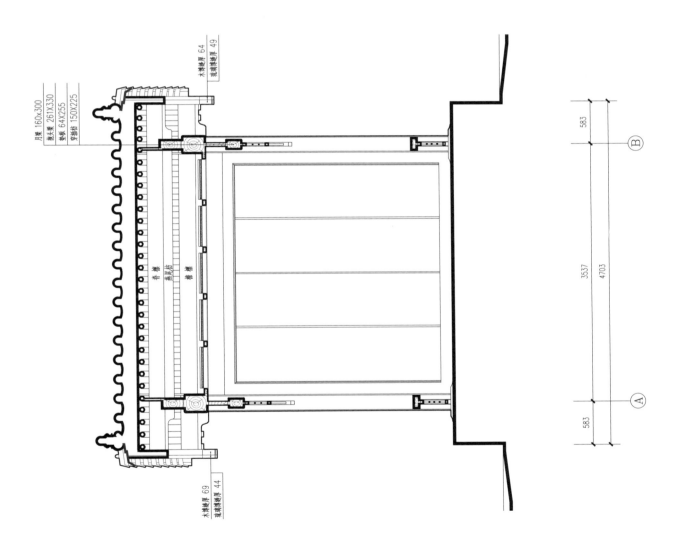

景福门3-3纵剖面图

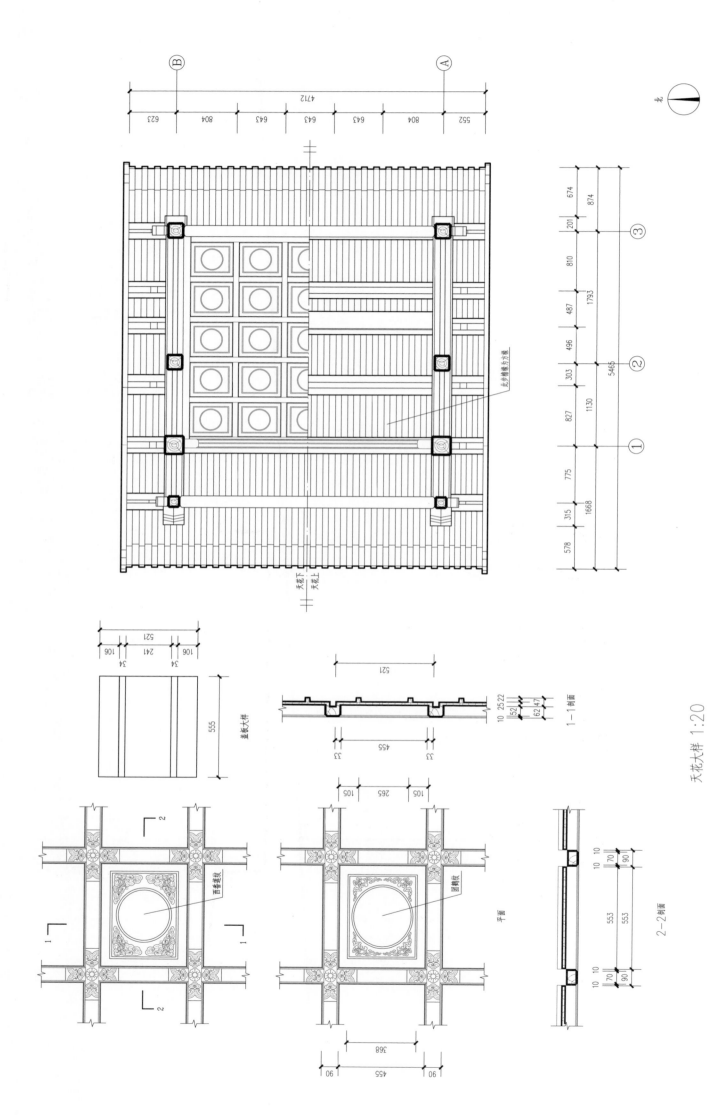

龙步精方枋

天花下
天花上

盖板大样

1—1剖面

平面

2—2剖面

天花大样 1:20

景福门梁架仰视图

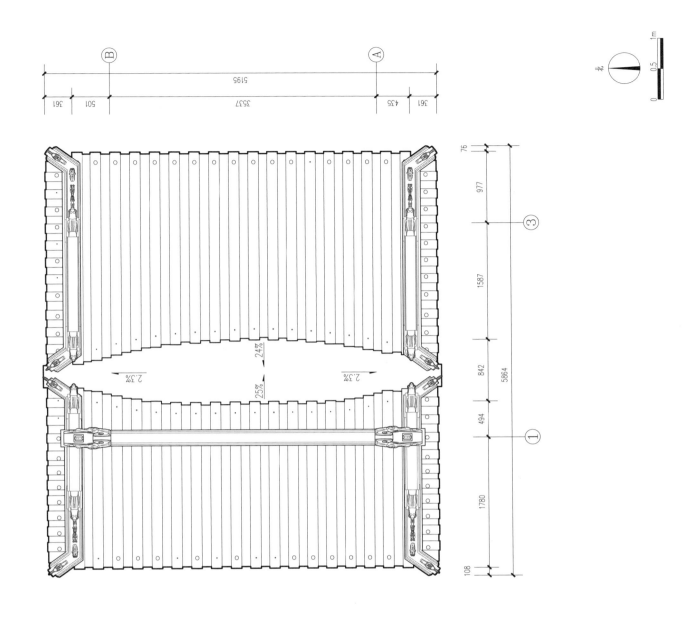

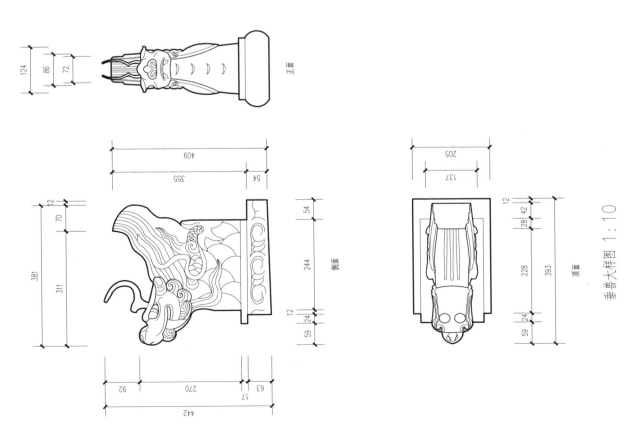

垂兽大样图 1：10

景福门屋顶平面图

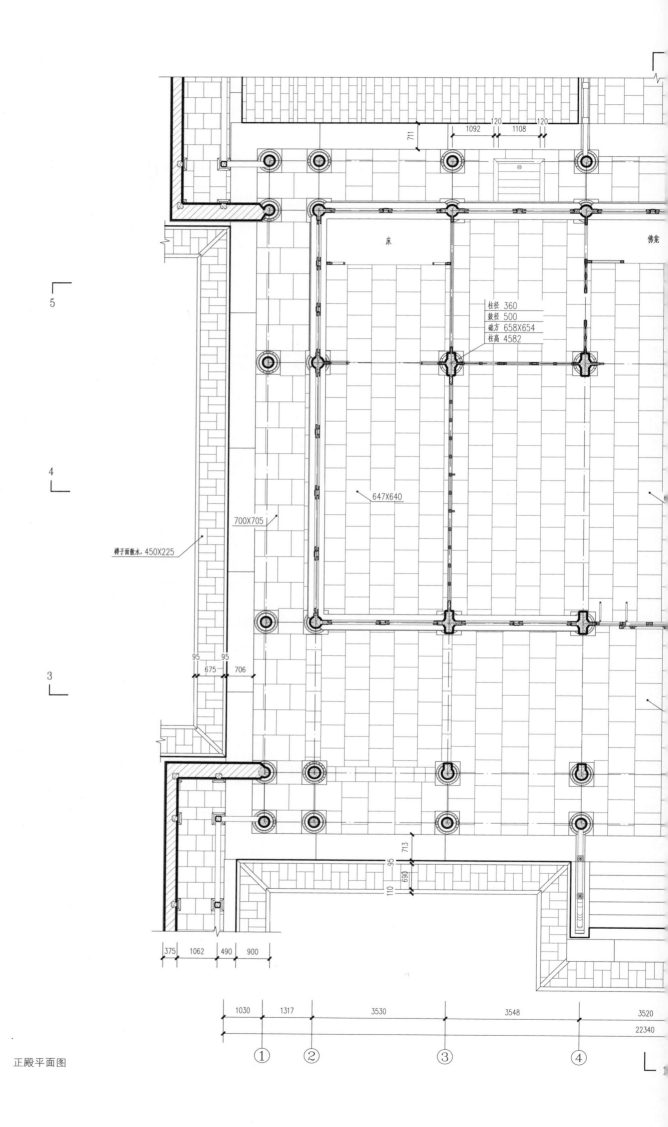

正殿平面图

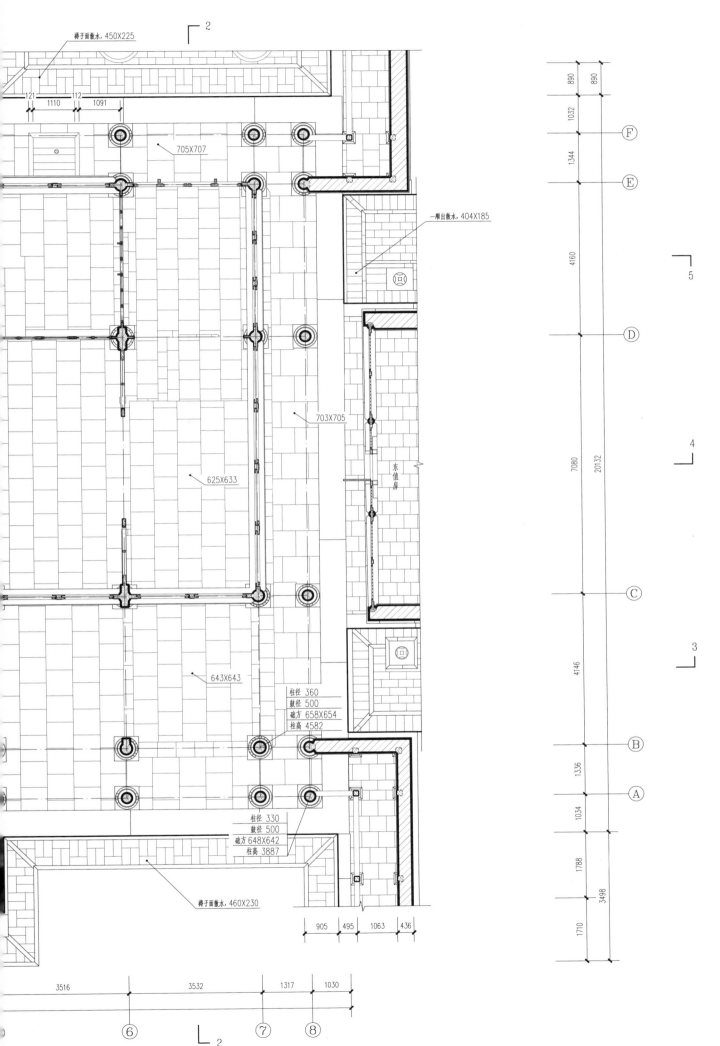

裙子面散水, 450X225

2

121 1110 112 1091

705X707

一顺出散水, 404X185

703X705

东值房

625X633

643X643

柱径 360
鼓径 500
础方 658X654
柱高 4582

柱径 330
鼓径 500
础方 648X642
柱高 3887

裙子面散水, 460X230

905 495 1063 436

3516 3532 1317 1030

⑥ 2 ⑦ ⑧

890
890
1032
Ⓕ
1344
Ⓔ

5

4160

Ⓓ

4

7080 20132

Ⓒ

3

4146

Ⓑ

1336
Ⓐ
1034

1788 3498
1710

北

0 1 2m

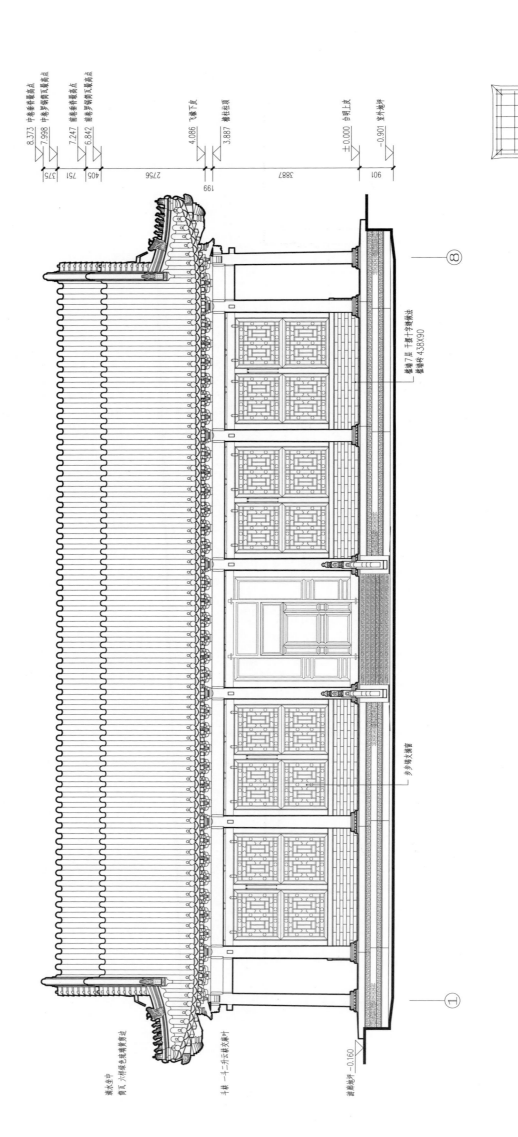

正殿南立面图

翼角测量位置图

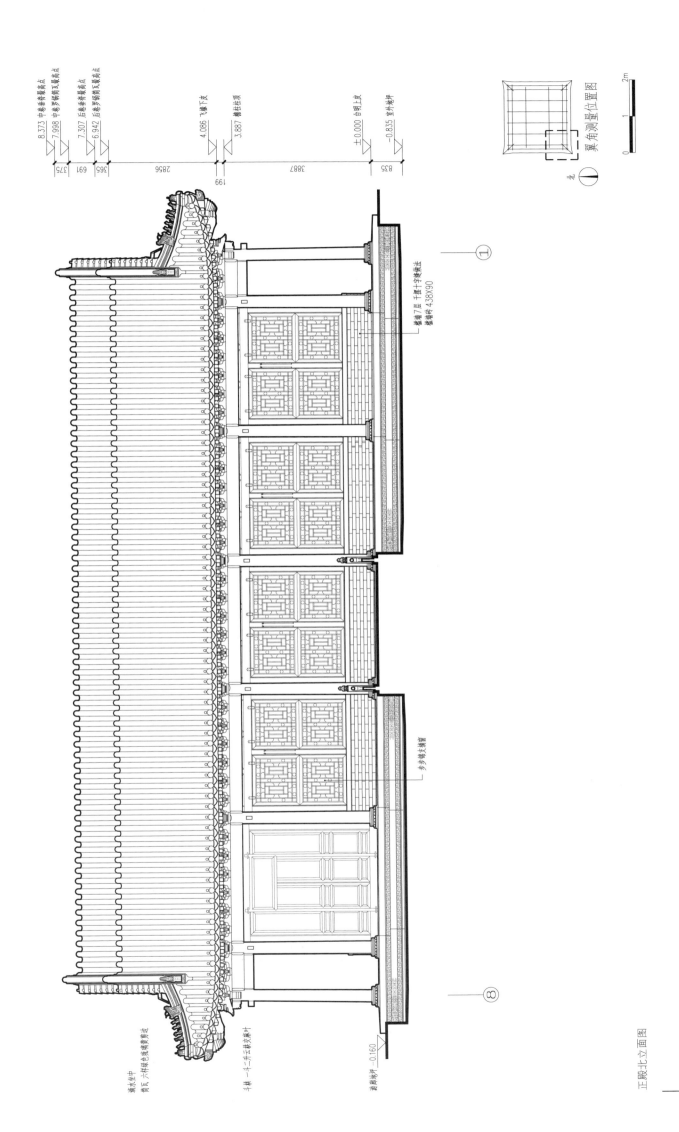

8.373 中垂脊春最高点
7.998 中垂脊卿兽瓦最高点
7.307 后垂脊春最高点
6.942 后垂脊卿兽瓦最高点

4.086 飞椽下皮
3.887 檐柱柱顶

±0.000 台明上皮
−0.835 室外地坪

375
691
365
2856
199
3887
835

瓦垄坐中
黄瓦 六样绿色琉璃黄瓦黄道
清水坐中

斗栱 一斗二升云样次斛栱

阶沿地坪 −0.160

墙墙7层 干摆十字缝做法
墙墙砖 4.38X90

步步锦支摘窗

①
⑧

翼角测量位置图

北

0 1 2m

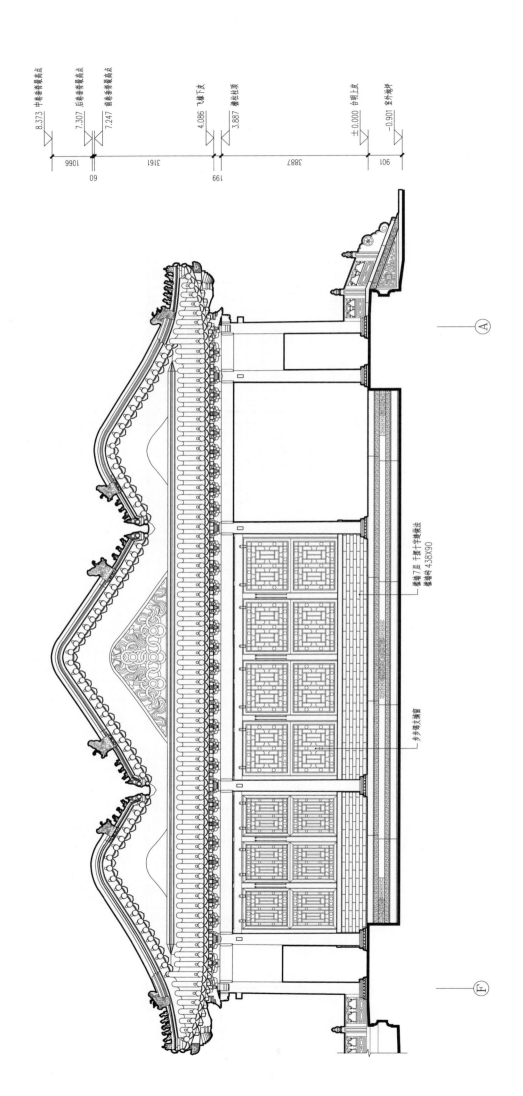

正殿西立面图

翼角测量位置图

8.373 中垂脊脊端点
7.307 后垂脊脊端点
7.247 当垂脊脊端点
4.086 橡下皮
3.887 橡柱顶
±0.000 台明上皮
-0.901 室外地坪

1066
60
3161
199
3887
901

墙裙7层干摆十字错缝做法
墙裙砖 4.38X90

步步锦大槅窗

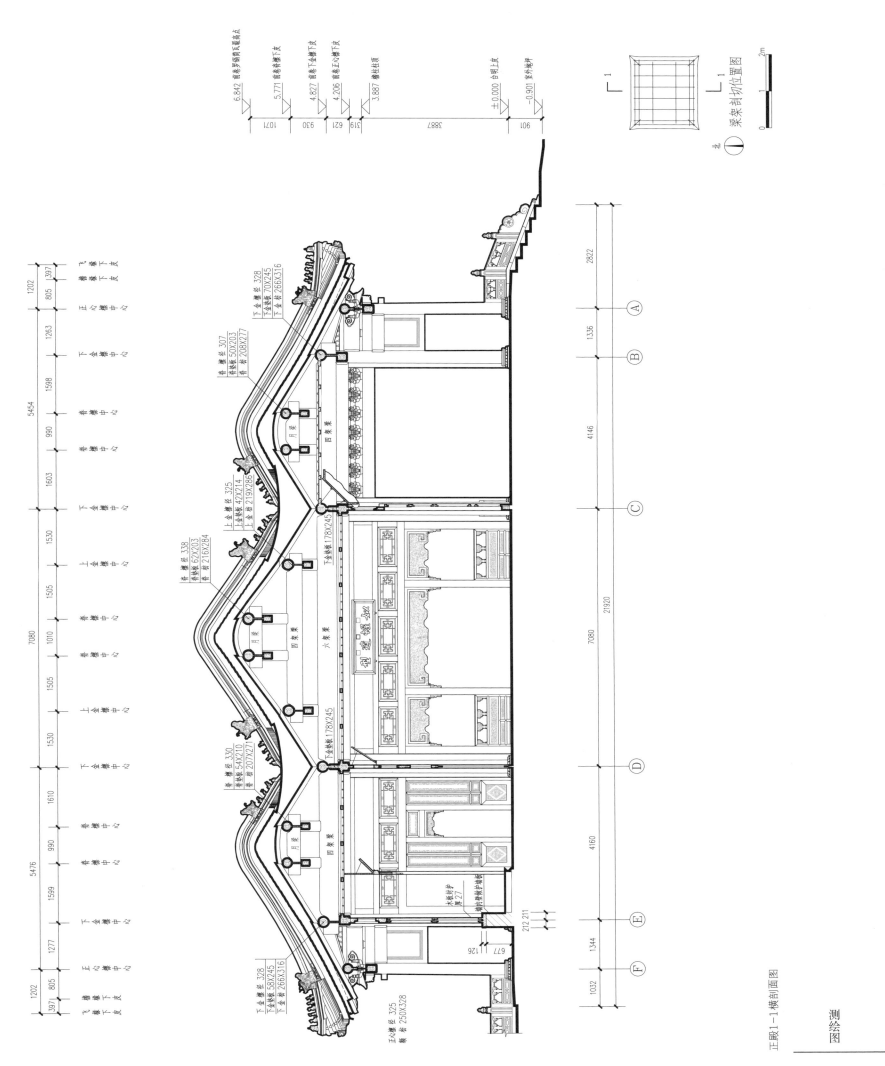

正殿1—1横剖面图

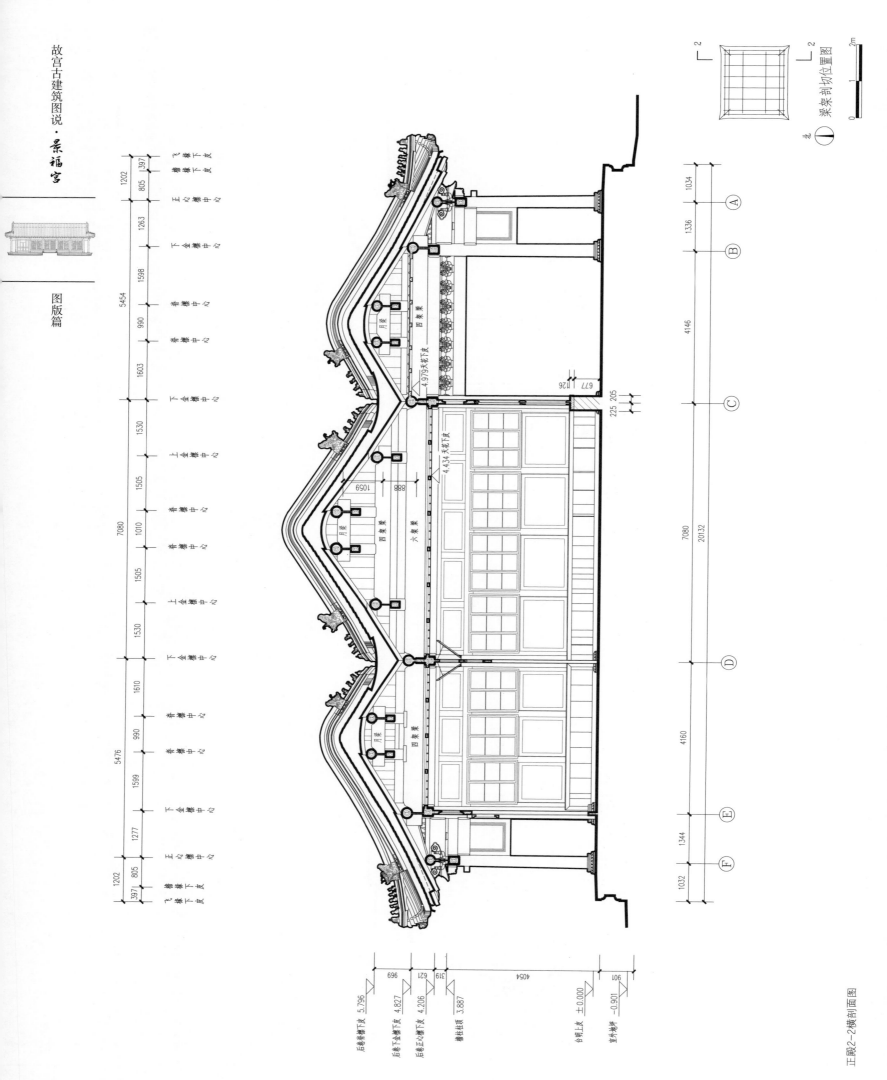

正殿2-2横剖面图

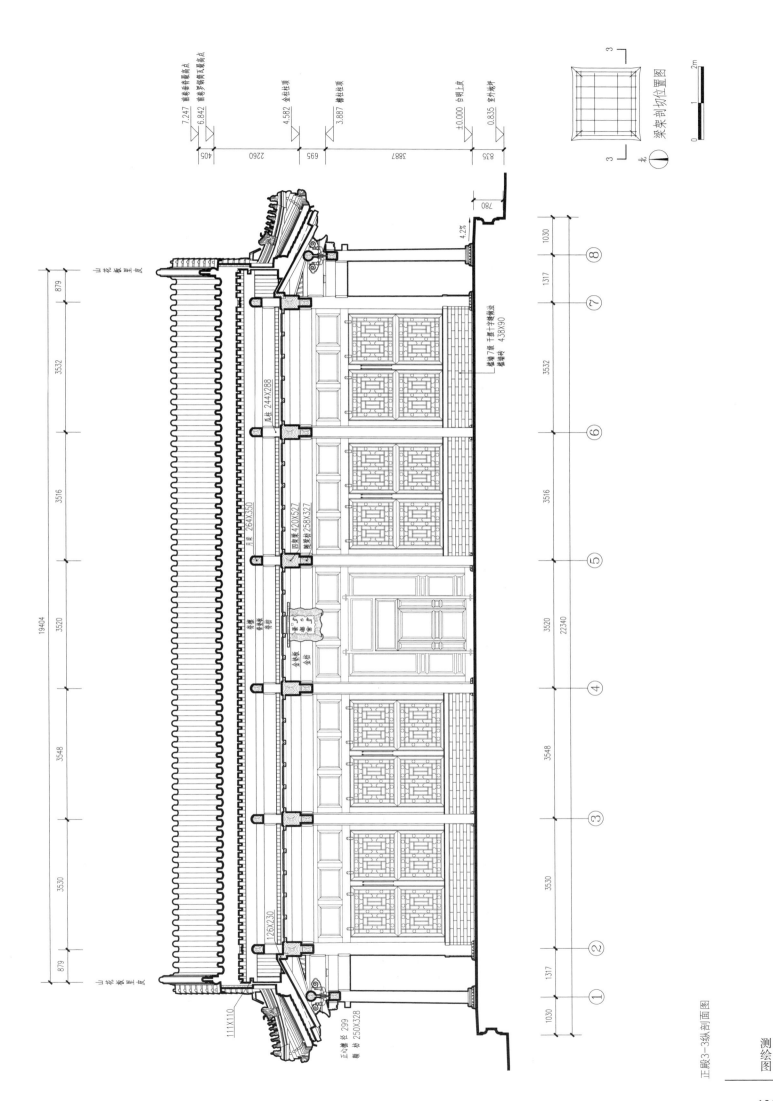

正殿 3-3 纵剖面图

测绘图

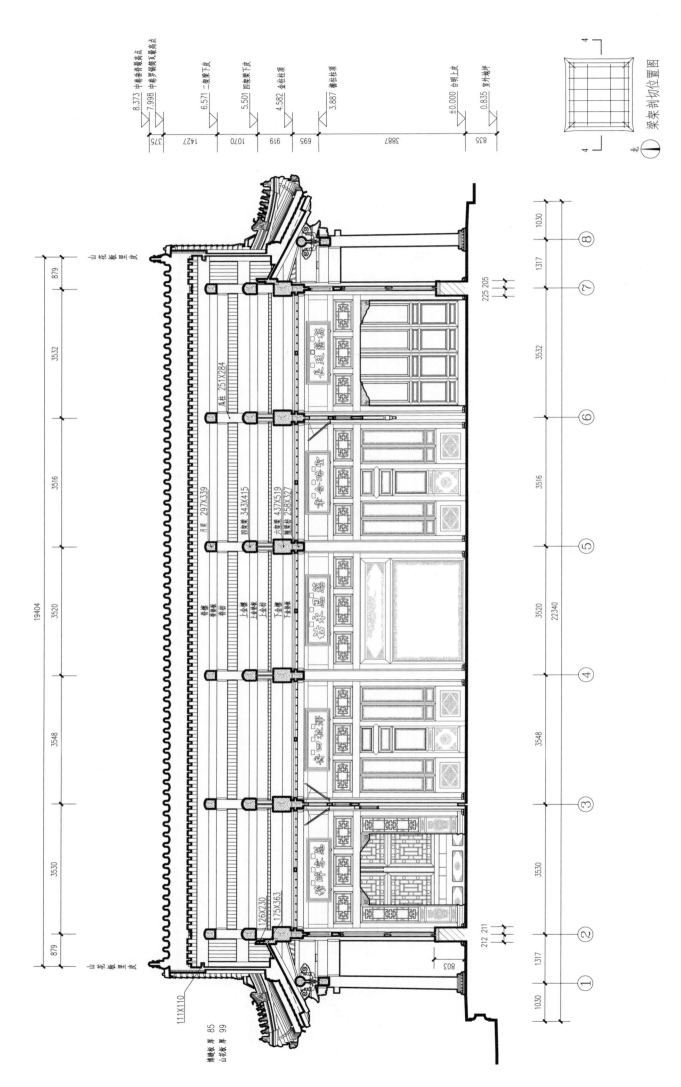

正殿4—4纵剖面图

梁架剖切位置图

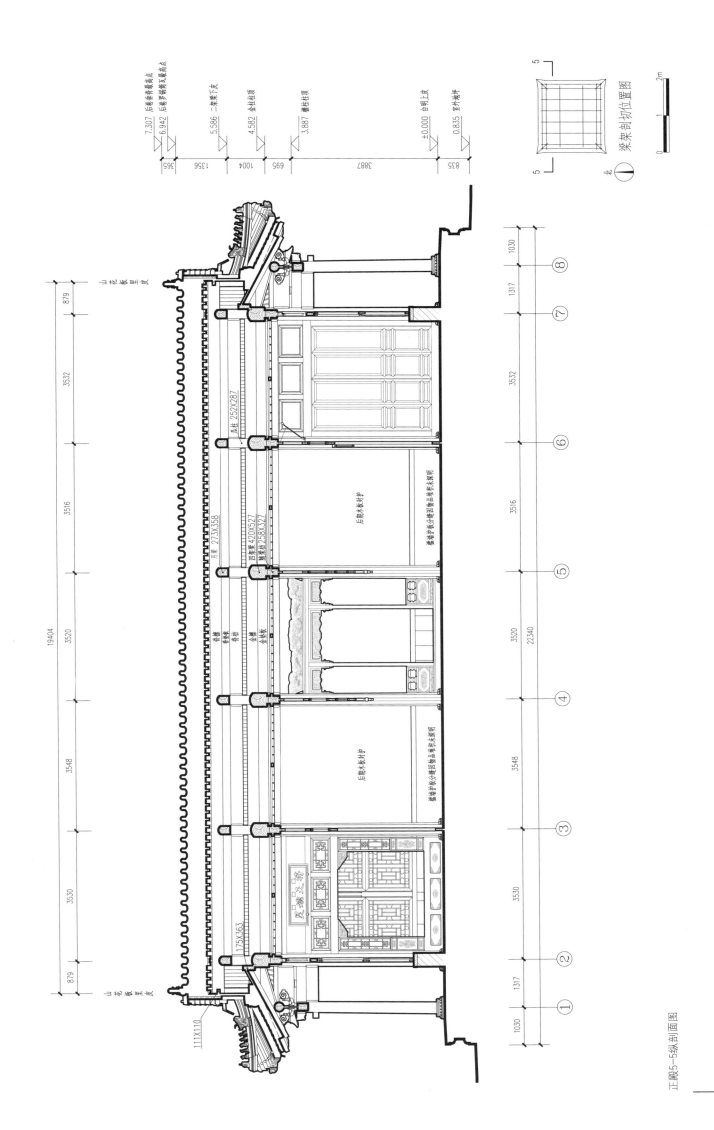

正殿5—5纵剖面图

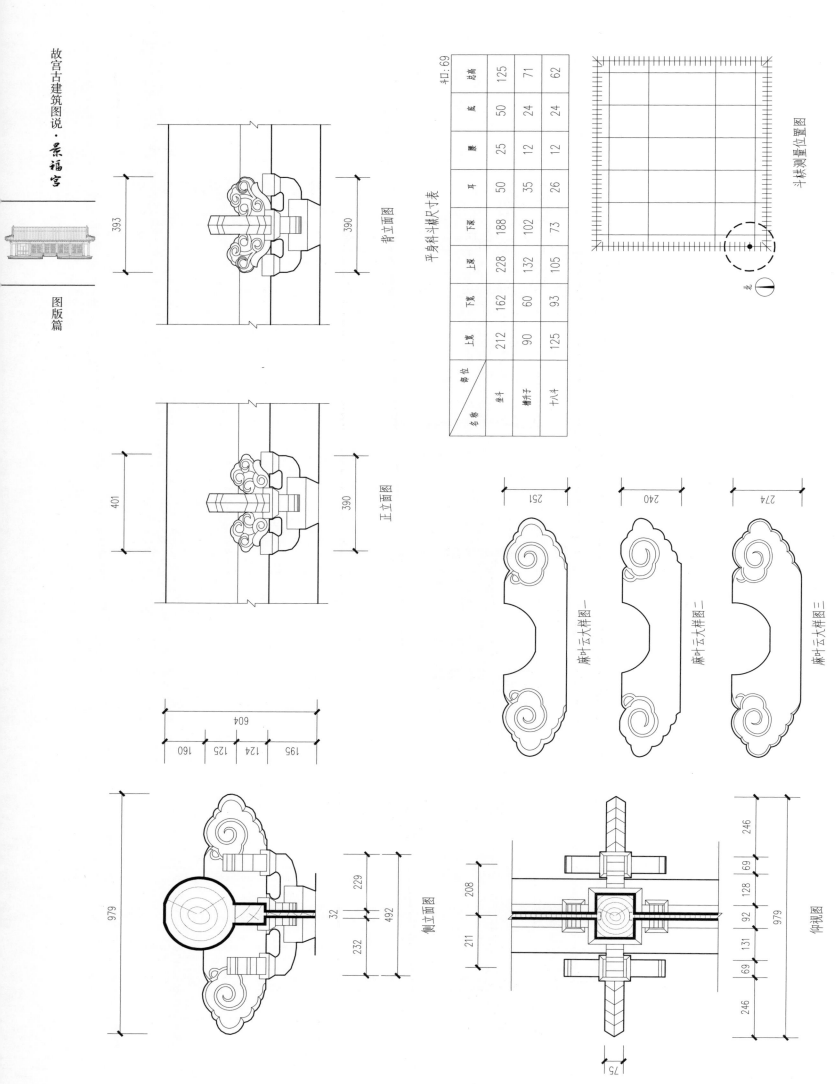

背立面图

正立面图

侧立面图

平身科斗栱尺寸表 扣口:69

部位 名称	上宽	下宽	上深	下深	耳	腰	总高
坐斗	212	162	228	188	50	25	125
槽升子	90	60	132	102	35	12	71
十八斗	125	93	105	73	26	12	62

斗栱测量位置图

北

麻叶云大样图一

麻叶云大样图二

麻叶云大样图三

仰视图

正殿平身科斗栱大样图

0 2m

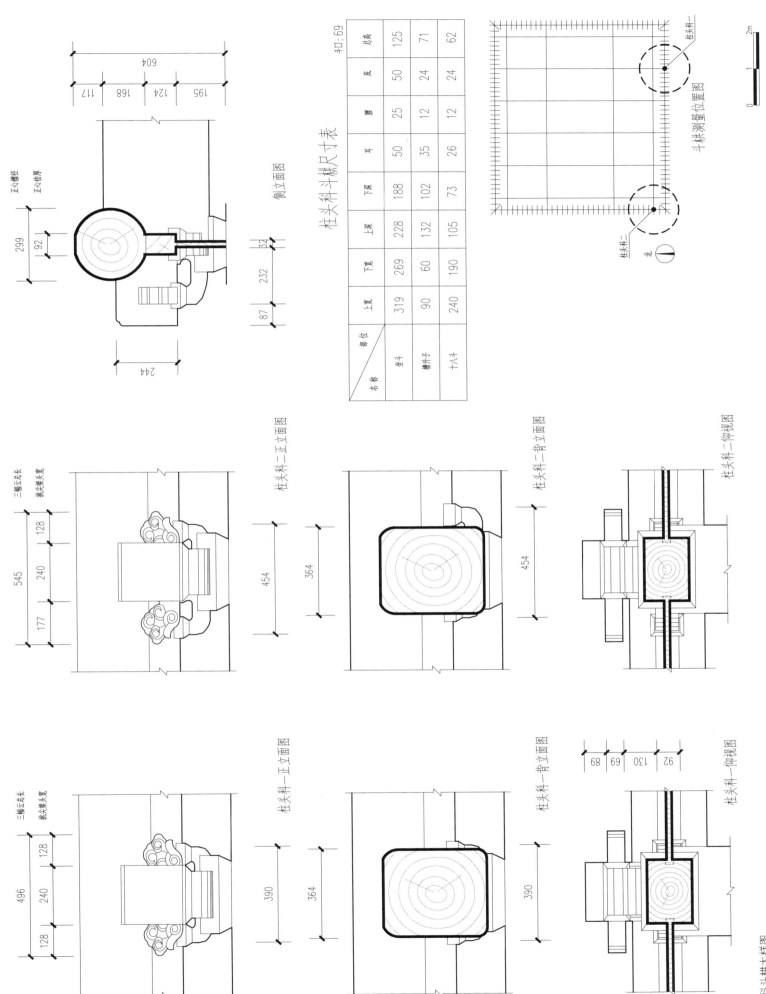

柱头科斗模尺寸表　　扣：69

名称 部位	上宽	下宽	上深	下深	耳	腰	底	总高
坐斗	319	269	228	188	50	25	50	125
槽升子	90	60	132	102	35	12	24	71
十八斗	240	190	105	73	26	12	24	62

侧立面图

斗栱测量位置图

柱头科一正立面图

柱头科二正立面图

柱头科二背立面图

柱头科一背立面图

柱头科二仰视图

柱头科一仰视图

正殿柱头科斗栱大样图

测绘图

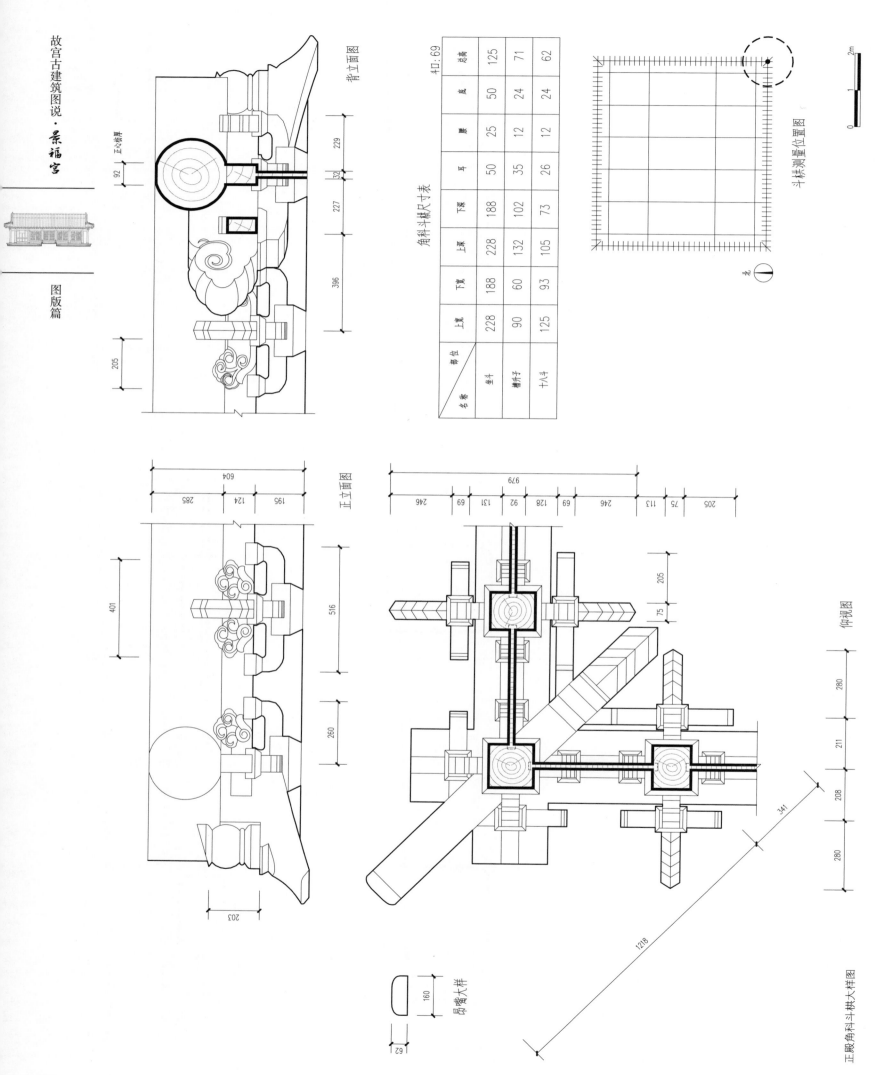

侧立面图

正立面图

仰视图

斗栱测量位置图

昂嘴大样

正殿角科斗栱大样图

角科斗栱尺寸表

扣口:69

名称	单位	上宽	下宽	上深	下深	耳	腰	底	总高
坐斗		228	188	228	188	50	25	50	125
槽升子		90	60	132	102	35	12	24	71
十八斗		125	93	105	73	26	12	24	62

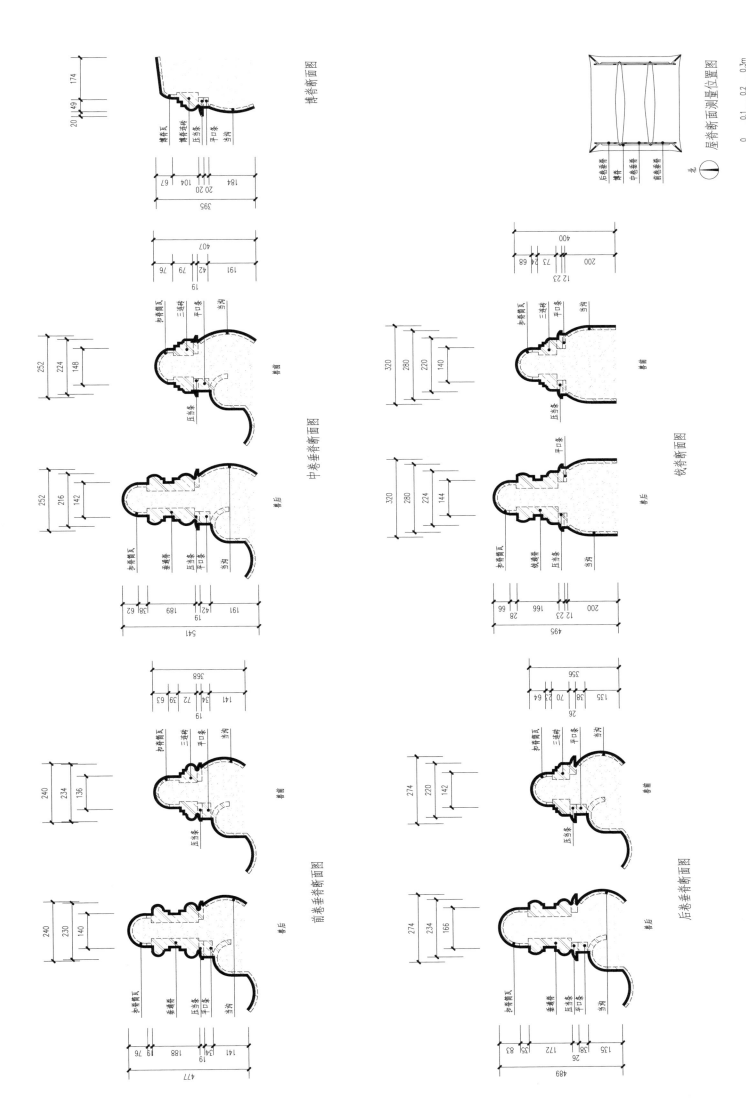

博脊断面图

中卷垂脊断面图

前卷垂脊断面图

围脊断面图

后卷垂脊断面图

屋脊断面测量位置图

景福宫正殿屋脊断面大样图

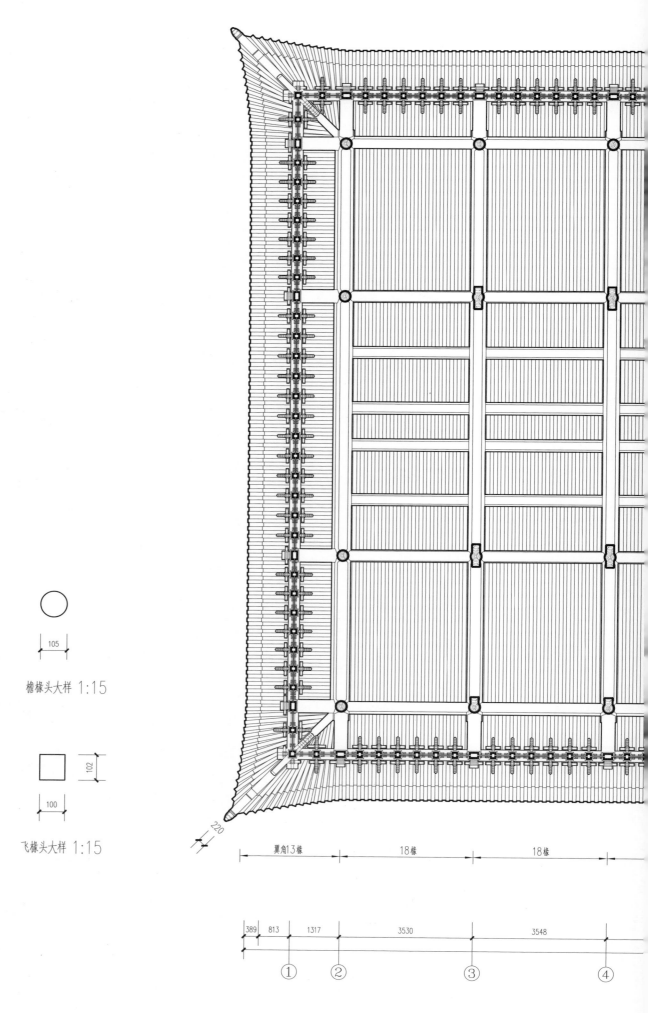

檐椽头大样 1:15

飞椽头大样 1:15

正殿梁架仰视图

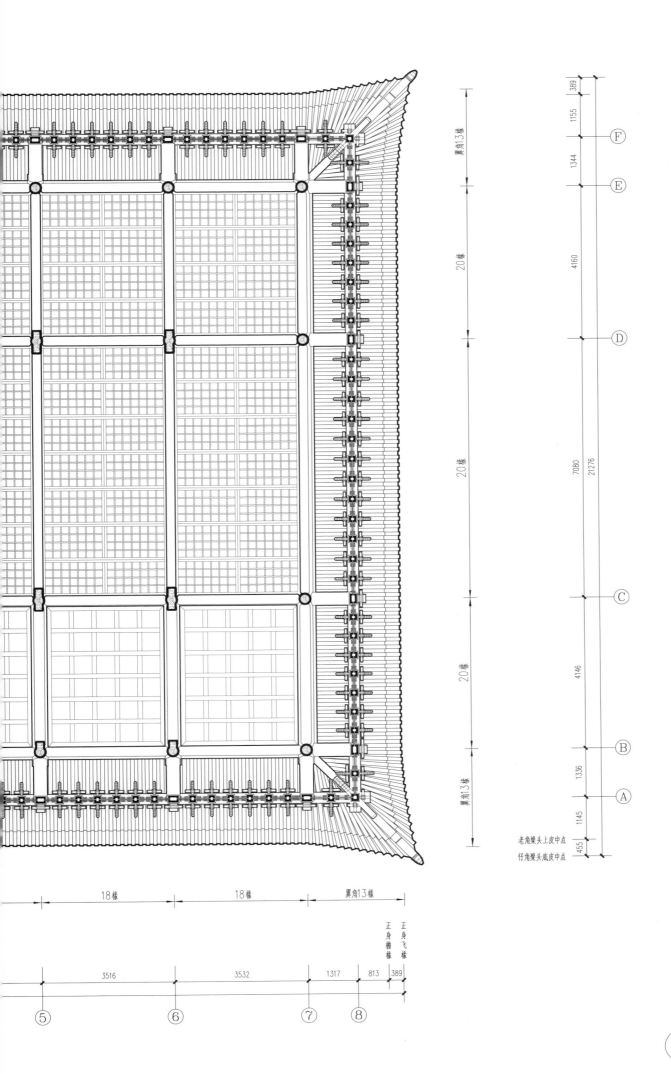

翼角测量位置图

翼角13椽

20椽

20椽

20椽

翼角13椽

389

1155

1344

4160

7080

21276

4146

1336

1145

455

Ⓕ

Ⓔ

Ⓓ

Ⓒ

Ⓑ

Ⓐ

老角梁头上皮中点

仔角梁头底皮中点

18椽　　18椽　　翼角13椽

正身飞椽
正身檐椽

3516　　3532　　1317　813　389

⑤　　⑥　　⑦　⑧

北

翼角测量位置图

0　　1　　2m

测绘图

瓦钉大样 1:20

勾头大样 1:20

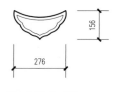

滴水大样 1:20

天沟大滴水大样 1:20

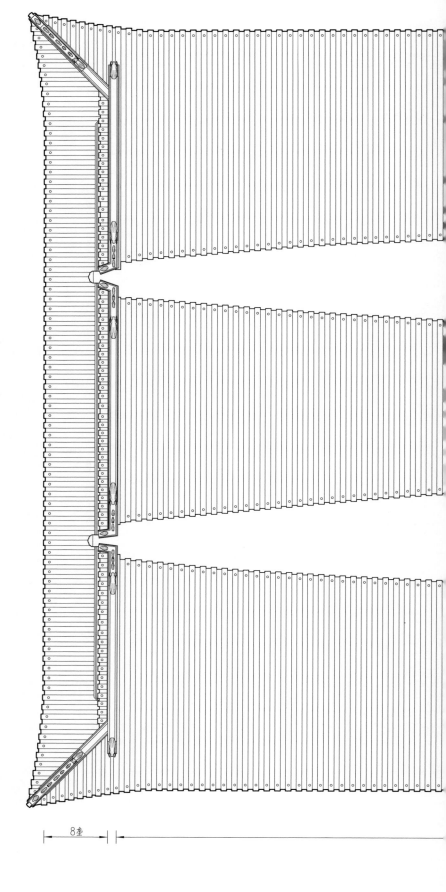

正殿屋顶平面图

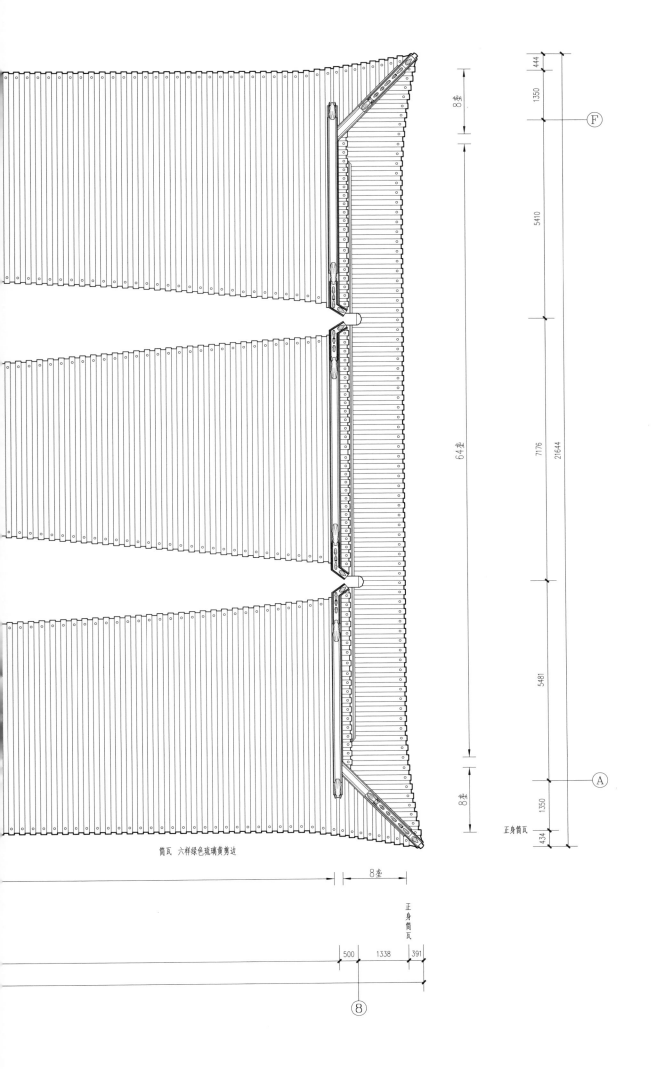

筒瓦 六样绿色琉璃黄剪边

⑧

正身筒瓦

正身筒瓦

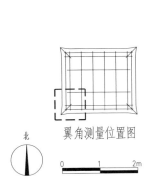

翼角测量位置图

北

0　　1　　2m

测绘图

664
122 157 275 110
180
侧立面
598
俯视图

垂兽测量立置图

后檐垂兽
中垂兽兽
前檐垂兽
西南戗兽
光 北

0 0.1 0.2 0.3m

440
79 104 187 69
128
侧立面
374
俯视图

正立面
中卷垂兽 六样
916
122 157 275 110 19 142 191

戗兽 六样
675
79 104 187 69 12 23 200

566
102 131 227 105
180
侧立面
511
俯视图

509
95 119 214 81
180
侧立面
461
俯视图

正立面
前卷垂兽 五样
754
102 131 227 74 19 82 23 60 34

正立面
后卷垂兽 五样
708
135 26 38 81 214 119 95

正殿垂兽戗兽大样图

142

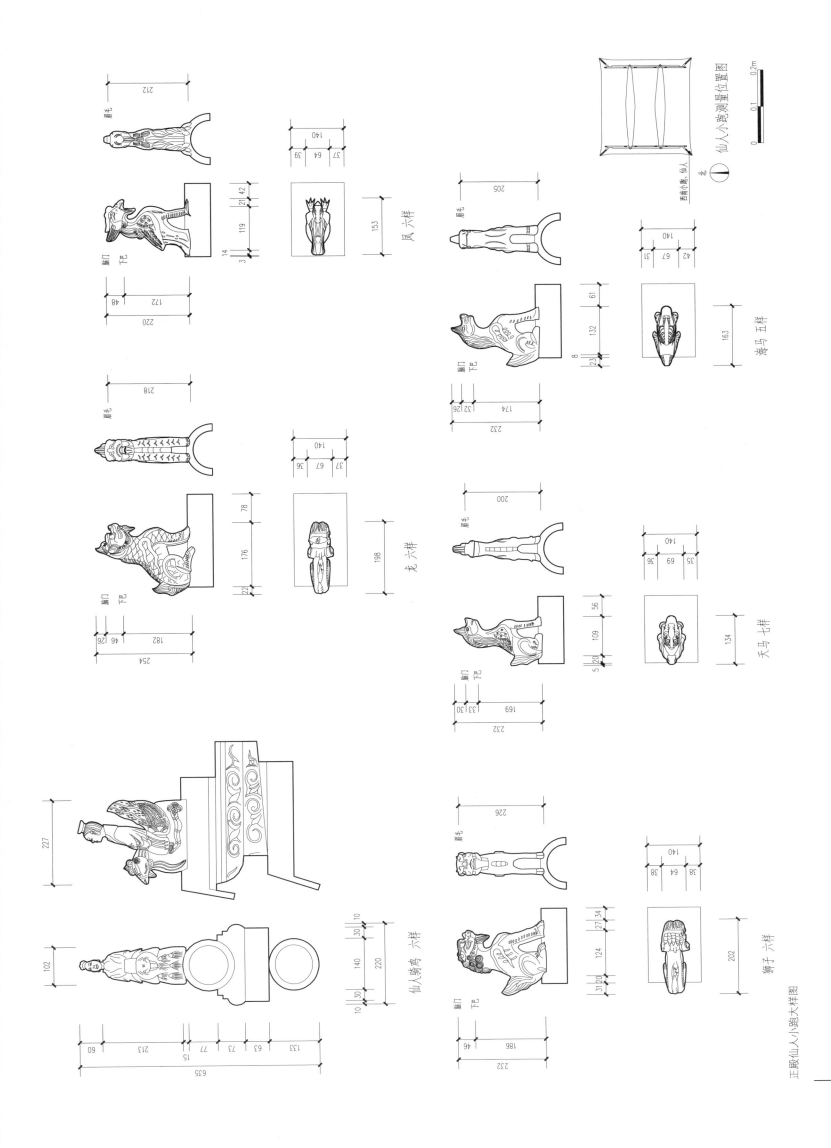

凤 六样

龙 六样

海马 五样

天马 七样

仙人小跑测量位置图

仙人骑鸡 六样

狮子 六样

正殿仙人小跑大样图

床

佛龛

正殿现状平面图

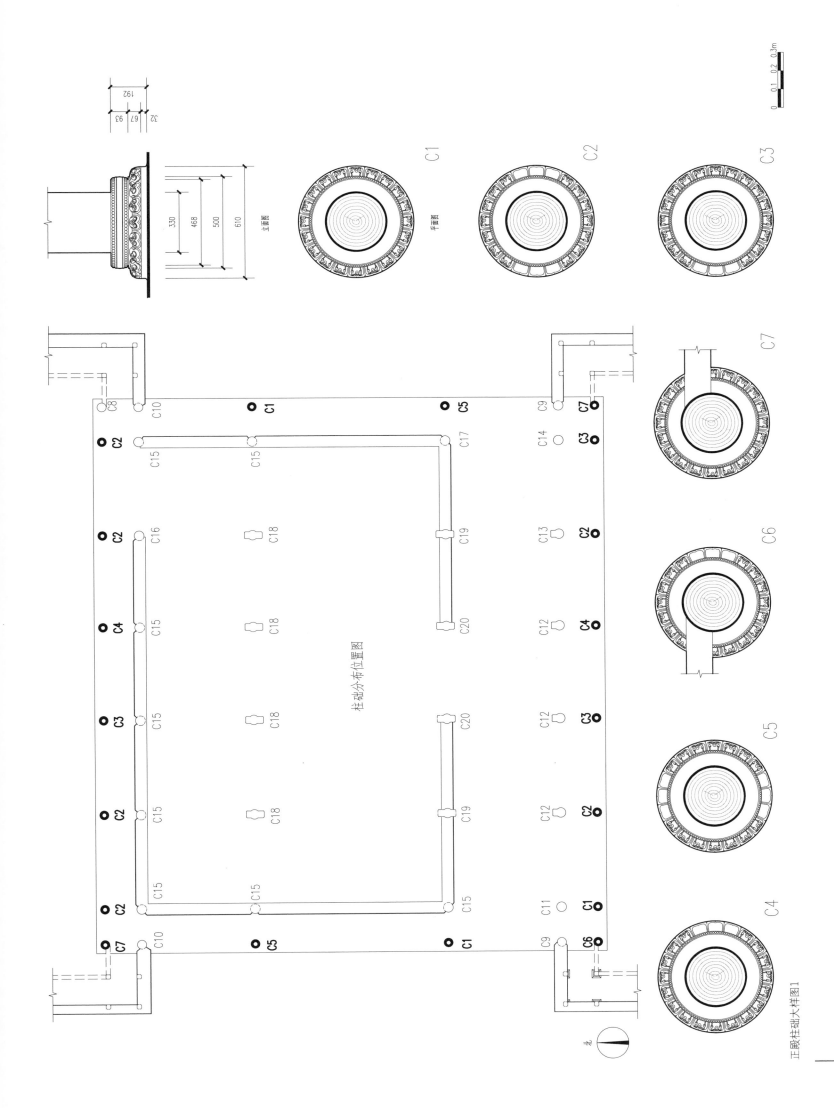

立面图

平面图

C1

C2

C3

C7

C6

C5

C4

柱础分布位置图

正殿柱础大样图1

测绘图

145

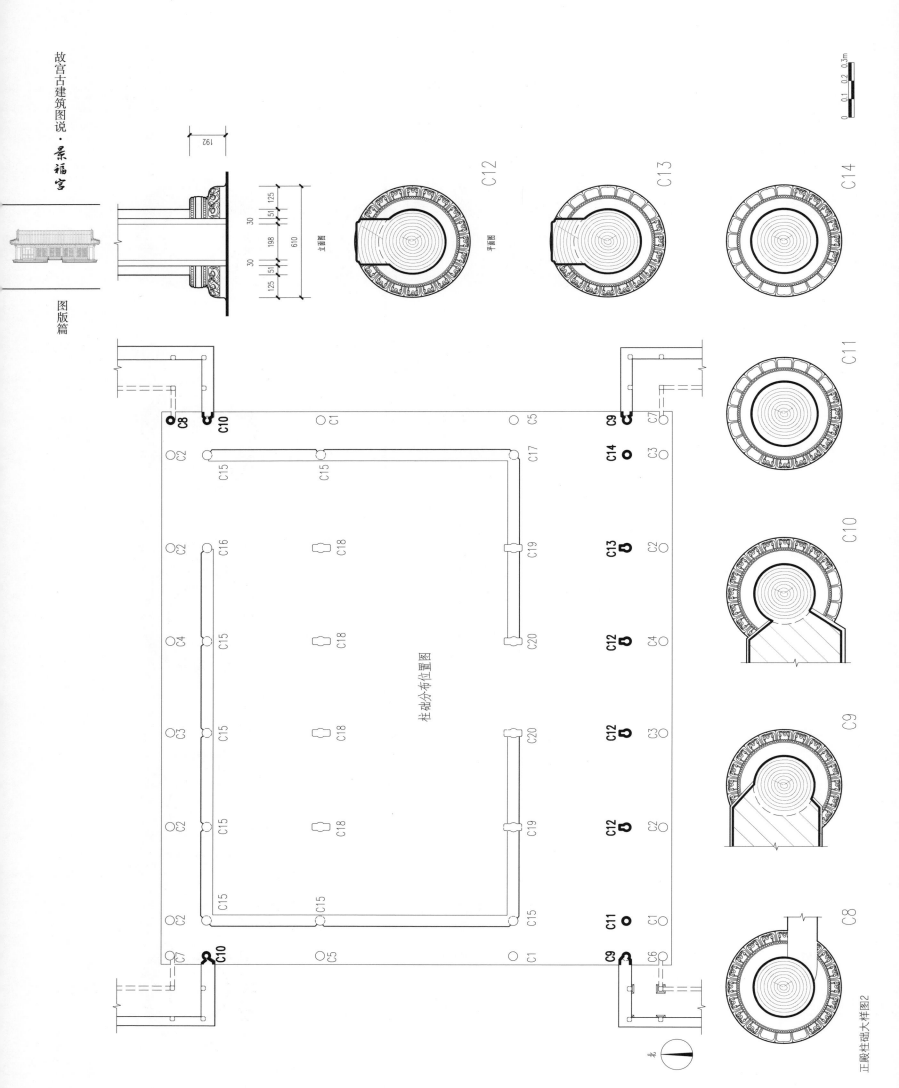

立面图

平面图

C12

C13

C14

C11

C10

C9

C8

柱础分布位置图

正殿柱础大样图2

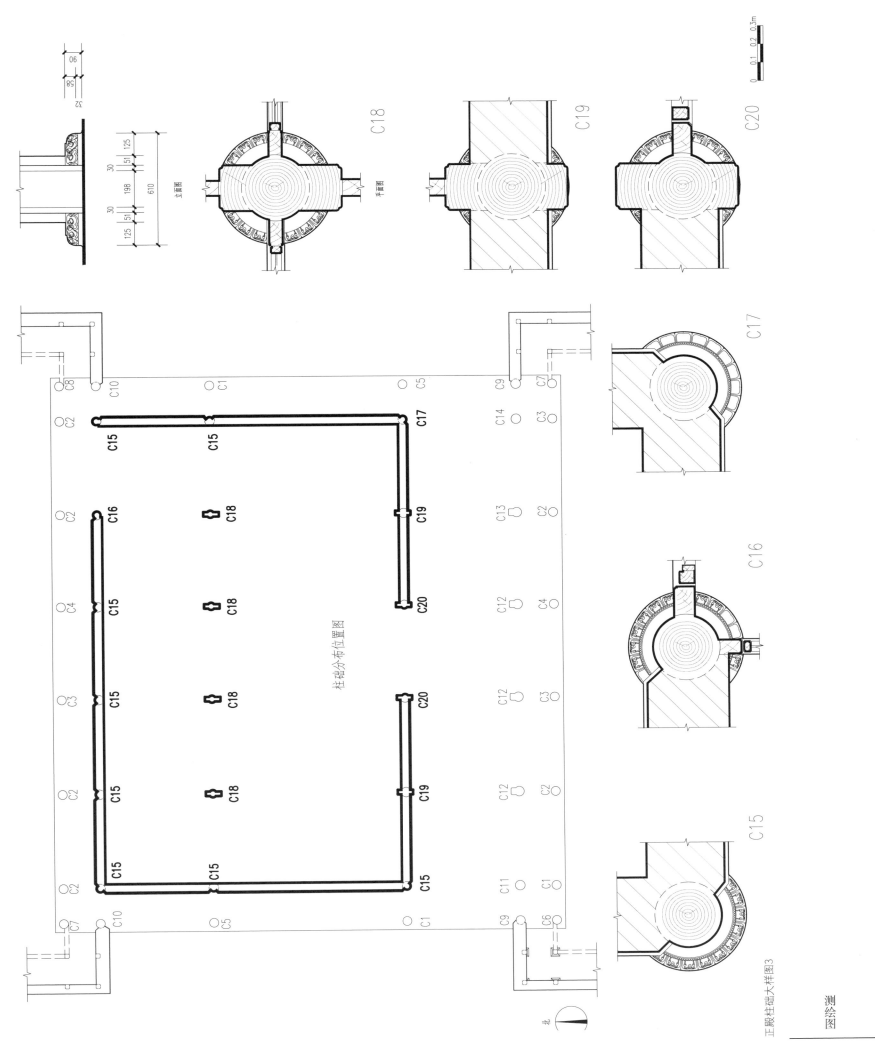

C18

C19

C20

C17

C16

C15

立面图

平面图

柱础分布位置图

正殿柱础大样图3

测绘图

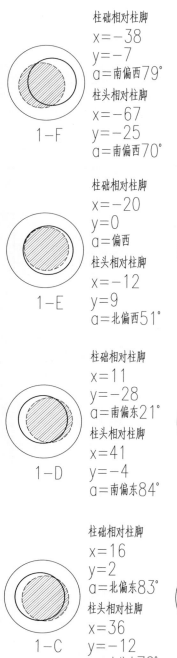
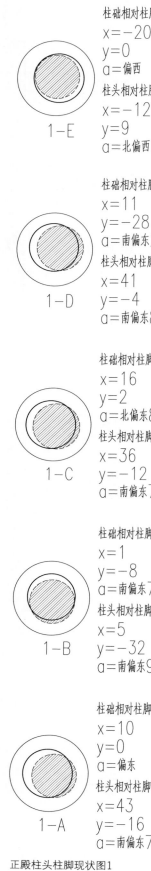
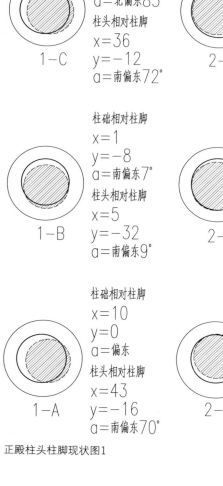
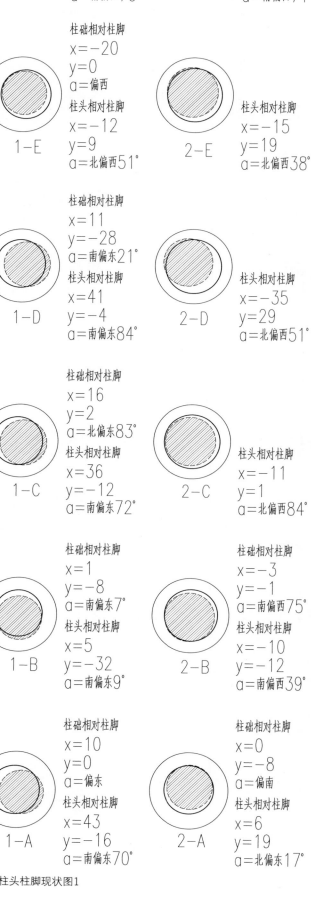
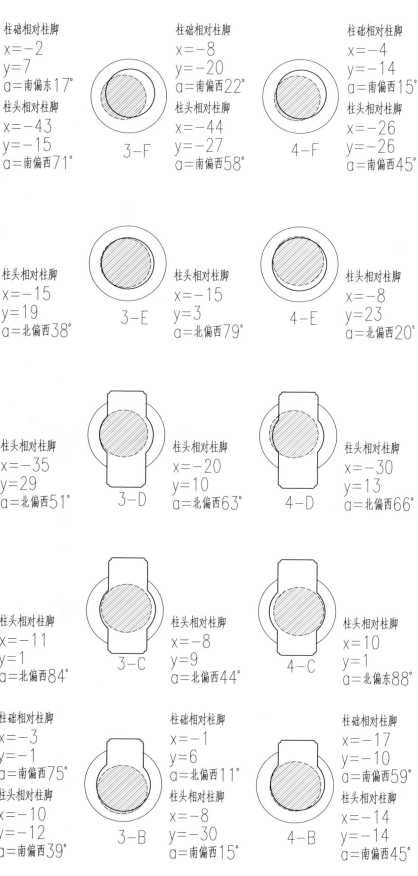
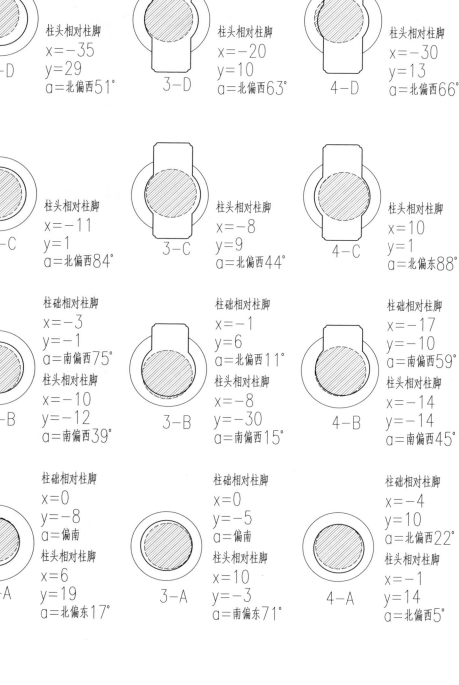

1-F
柱础相对柱脚
x=-38
y=-7
a=南偏西79°
柱头相对柱脚
x=-67
y=-25
a=南偏西70°

2-F
柱础相对柱脚
x=-2
y=7
a=南偏东17°
柱头相对柱脚
x=-43
y=-15
a=南偏西71°

3-F
柱础相对柱脚
x=-8
y=-20
a=南偏西22°
柱头相对柱脚
x=-44
y=-27
a=南偏西58°

4-F
柱础相对柱脚
x=-4
y=-14
a=南偏西15°
柱头相对柱脚
x=-26
y=-26
a=南偏西45°

1-E
柱础相对柱脚
x=-20
y=0
a=偏西
柱头相对柱脚
x=-12
y=9
a=北偏西51°

2-E
柱头相对柱脚
x=-15
y=19
a=北偏西38°

3-E
柱头相对柱脚
x=-15
y=3
a=北偏西79°

4-E
柱头相对柱脚
x=-8
y=23
a=北偏西20°

1-D
柱础相对柱脚
x=11
y=-28
a=南偏西21°
柱头相对柱脚
x=41
y=-4
a=南偏东84°

2-D
柱头相对柱脚
x=-35
y=29
a=北偏西51°

3-D
柱头相对柱脚
x=-20
y=10
a=北偏西63°

4-D
柱头相对柱脚
x=-30
y=13
a=北偏西66°

1-C
柱础相对柱脚
x=16
y=2
a=北偏东83°
柱头相对柱脚
x=36
y=-12
a=南偏东72°

2-C
柱头相对柱脚
x=-11
y=1
a=北偏西84°

3-C
柱头相对柱脚
x=-8
y=9
a=北偏西44°

4-C
柱头相对柱脚
x=10
y=1
a=北偏东88°

1-B
柱础相对柱脚
x=1
y=-8
a=南偏东7°
柱头相对柱脚
x=5
y=-32
a=南偏东9°

2-B
柱础相对柱脚
x=-3
y=-1
a=南偏西75°
柱头相对柱脚
x=-10
y=-12
a=南偏西39°

3-B
柱础相对柱脚
x=-1
y=6
a=北偏西11°
柱头相对柱脚
x=-8
y=-30
a=南偏西15°

4-B
柱础相对柱脚
x=-17
y=-10
a=南偏西59°
柱头相对柱脚
x=-14
y=-14
a=南偏西45°

1-A
柱础相对柱脚
x=10
y=0
a=偏东
柱头相对柱脚
x=43
y=-16
a=南偏东70°

2-A
柱础相对柱脚
x=0
y=-8
a=偏南
柱头相对柱脚
x=6
y=19
a=北偏东17°

3-A
柱础相对柱脚
x=0
y=-5
a=偏南
柱头相对柱脚
x=10
y=-3
a=南偏东71°

4-A
柱础相对柱脚
x=-4
y=10
a=北偏西22°
柱头相对柱脚
x=-1
y=14
a=北偏西5°

正殿柱头柱脚现状图1

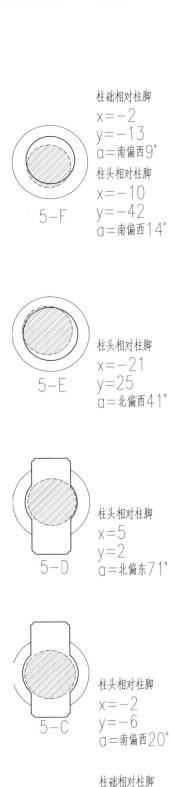
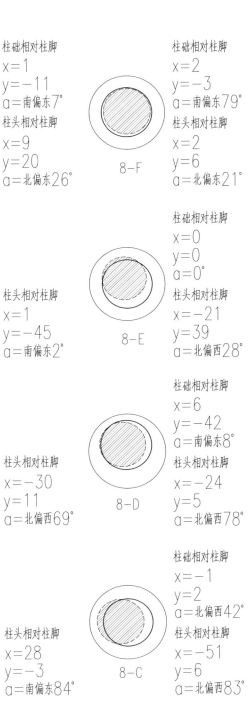

5-F
柱础相对柱脚
x=-2
y=-13
a=南偏西9°
柱头相对柱脚
x=-10
y=-42
a=南偏西14°

6-F
柱础相对柱脚
x=-4
y=-11
a=南偏西21°
柱头相对柱脚
x=-2
y=-24
a=南偏西4°

7-F
柱础相对柱脚
x=1
y=-11
a=南偏东7°
柱头相对柱脚
x=9
y=20
a=北偏东26°

8-F
柱础相对柱脚
x=2
y=-3
a=南偏东79°
柱头相对柱脚
x=2
y=6
a=北偏东21°

5-E
柱头相对柱脚
x=-21
y=25
a=北偏西41°

6-E
柱头相对柱脚
x=0
y=32
a=偏北

7-E
柱头相对柱脚
x=1
y=-45
a=南偏东2°

8-E
柱础相对柱脚
x=0
y=0
a=0°
柱头相对柱脚
x=-21
y=39
a=北偏西28°

5-D
柱头相对柱脚
x=5
y=2
a=北偏东71°

6-D
柱头相对柱脚
x=-3
y=10
a=北偏西19°

7-D
柱头相对柱脚
x=-30
y=11
a=北偏西69°

8-D
柱础相对柱脚
x=6
y=-42
a=南偏东8°
柱头相对柱脚
x=-24
y=5
a=北偏西78°

5-C
柱头相对柱脚
x=-2
y=-6
a=南偏西20°

6-C
柱头相对柱脚
x=14
y=10
a=北偏东54°

7-C
柱头相对柱脚
x=28
y=-3
a=南偏东84°

8-C
柱础相对柱脚
x=-1
y=2
a=北偏西42°
柱头相对柱脚
x=-51
y=6
a=北偏西83°

5-B
柱础相对柱脚
x=1
y=-2
a=南偏东38°
柱头相对柱脚
x=8
y=-37
a=南偏东12°

6-B
柱础相对柱脚
x=-3
y=-12
a=南偏西16°
柱头相对柱脚
x=-15
y=-28
a=南偏西27°

7-B
柱础相对柱脚
x=-1
y=-6
a=南偏西8°
柱头相对柱脚
x=-18
y=-29
a=南偏西33°

8-B
柱础相对柱脚
x=16
y=-4
a=南偏东75°
柱头相对柱脚
x=-33
y=-22
a=南偏西56°

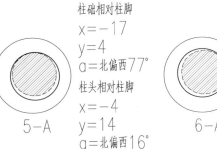

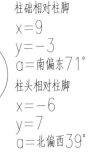

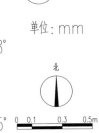

5-A
柱础相对柱脚
x=-17
y=4
a=北偏西77°
柱头相对柱脚
x=-4
y=14
a=北偏西16°

6-A
柱础相对柱脚
x=0
y=-13
a=偏南
柱头相对柱脚
x=10
y=5
a=北偏东64°

7-A
柱础相对柱脚
x=9
y=-3
a=南偏东71°
柱头相对柱脚
x=-6
y=7
a=北偏西39°

8-A
柱础相对柱脚
x=2
y=6
a=北偏东18°
柱头相对柱脚
x=-36
y=17
a=北偏西65°

图例：
柱头
柱脚
柱础鼓镜
单位：mm

北

0 0.1   0.3   0.5m

正殿柱头柱脚现状图2

测绘图

正殿现状1-1横剖面图

剖切位置示意图

梁截面大样图 1:25

檩、垫板、枋截面大样图 1:25

正殿现状1-1剖面大木构件断面大样图

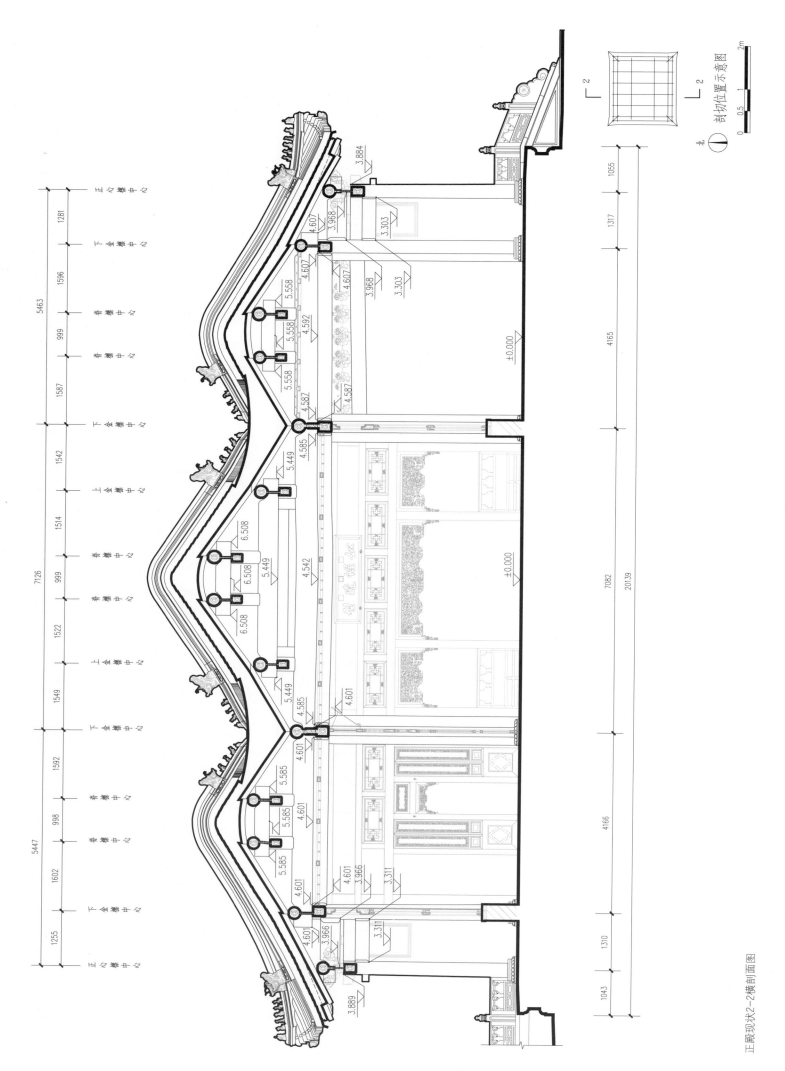

正殿现状2-2横剖面图

剖切位置示意图

0 0.5 1 2m

檩、垫板、枋截面大样图 1：25

梁截面大样图 1：25

正殿现状2-2剖面大木构件断面大样图

后卷月梁　中卷月梁　前卷月梁

后卷四架梁　中卷四架梁　前卷四架梁

后卷六架梁　中卷六架梁　前卷六架梁

后檐下金檩（南）、垫板、枋
后檐脊檩（南）、垫板、枋
后檐脊檩（北）、垫板、枋
后檐下金檩（北）、垫板、枋
后檐檐檩、垫板、枋

中卷下金檩（南）、垫板、枋
中卷上金檩（南）、垫板、枋
中卷脊檩（南）、垫板、枋
中卷脊檩（北）、垫板、枋
中卷上金檩（北）、垫板、枋

前卷檐檩、垫板、枋
前卷下金檩（南）、垫板、枋
前卷脊檩（南）、垫板、枋
前卷脊檩（北）、垫板、枋
前卷下金檩（北）、垫板、枋

测绘图

153

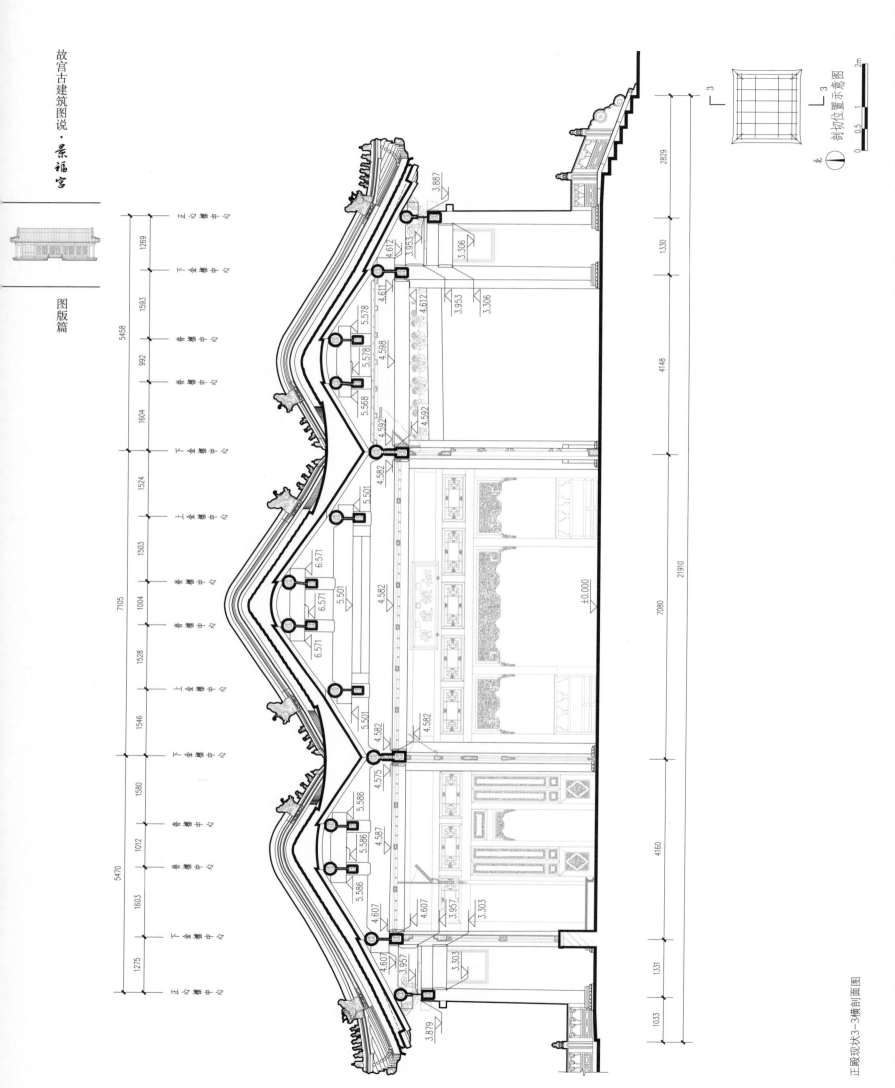

正殿现状3-3横剖面图

剖切位置示意图

梁断面大样图 1 : 25

| 274 | 274 | | 408 | 422 | | 321 | 347 |
后卷月梁 | | | 后卷四架梁 | | | 后卷接尖梁 |

| 277 | 297 | | 301 | 340 | | 481 | 424 |
中卷月梁 | | | 中卷四架梁 | | | 中卷六架梁 |

| 261 | 264 | | 527 | 420 | | 421 | 364 |
前卷月梁 | | | 前卷四架梁 | | | 前卷接尖梁 |

檩、垫板、枋截面大样图 1 : 25

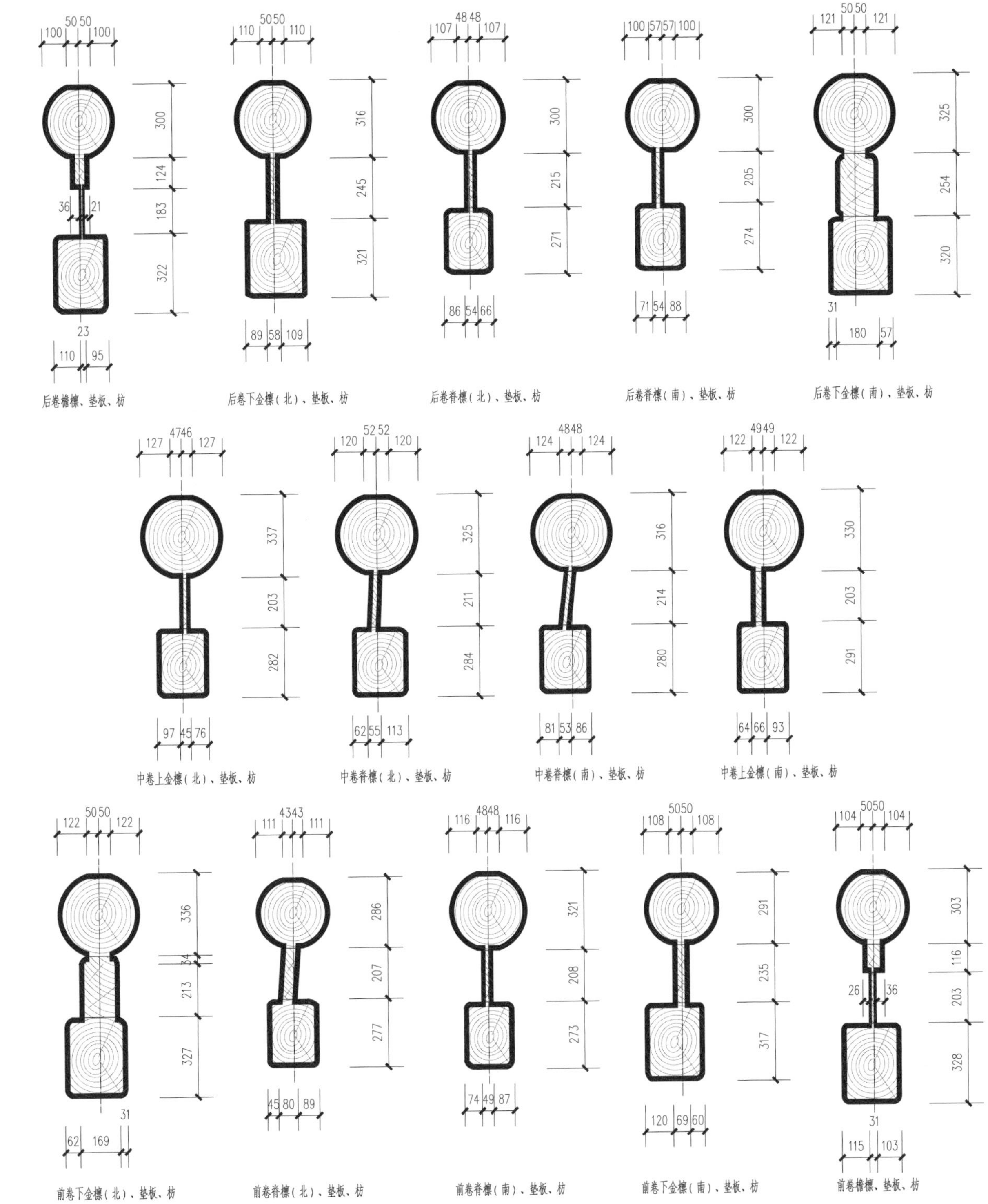

后卷檐檩、垫板、枋
后卷脊檩(北)、垫板、枋
后卷下金檩(北)、垫板、枋
后卷下金檩(北)、垫板、枋
后卷檐檩、垫板、枋

后卷上金檩(南)、垫板、枋
中卷春檩(南)、垫板、枋
中卷春檩(北)、垫板、枋
中卷上金檩(北)、垫板、枋

正脊檩、垫板、枋
前卷下金檩(南)、垫板、枋
前卷春檩(南)、垫板、枋
前卷春檩(北)、垫板、枋
前卷下金檩(北)、垫板、枋

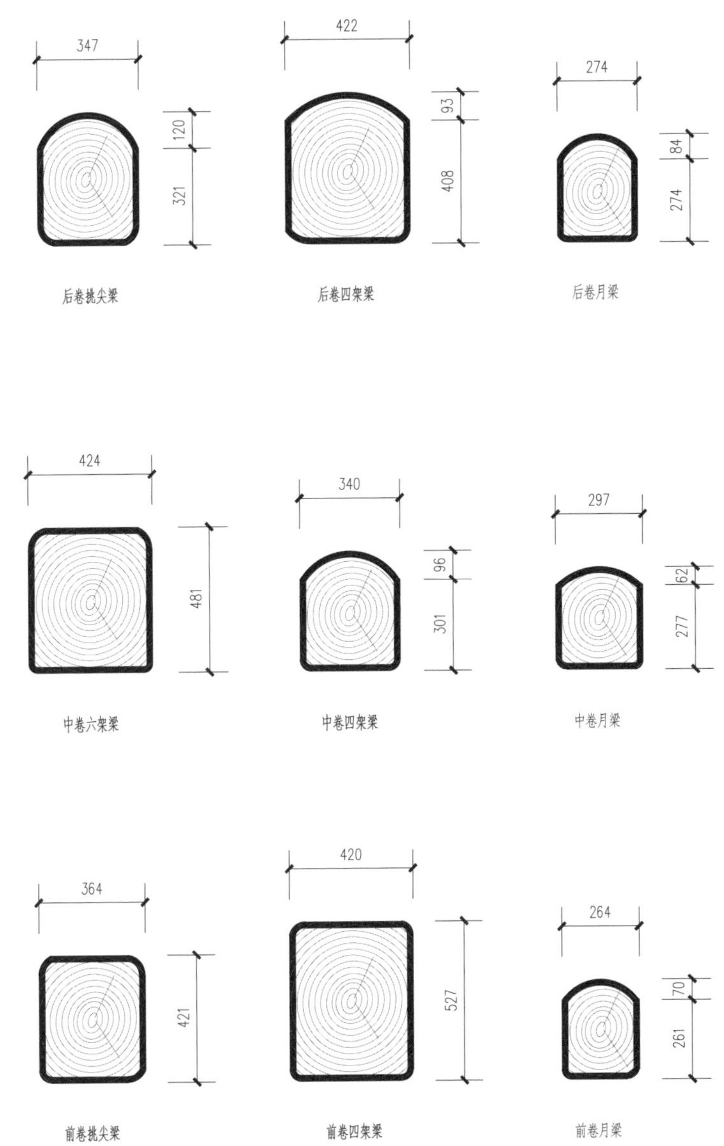

正殿现状3-3剖面大木构件断面大样图

测绘图

155

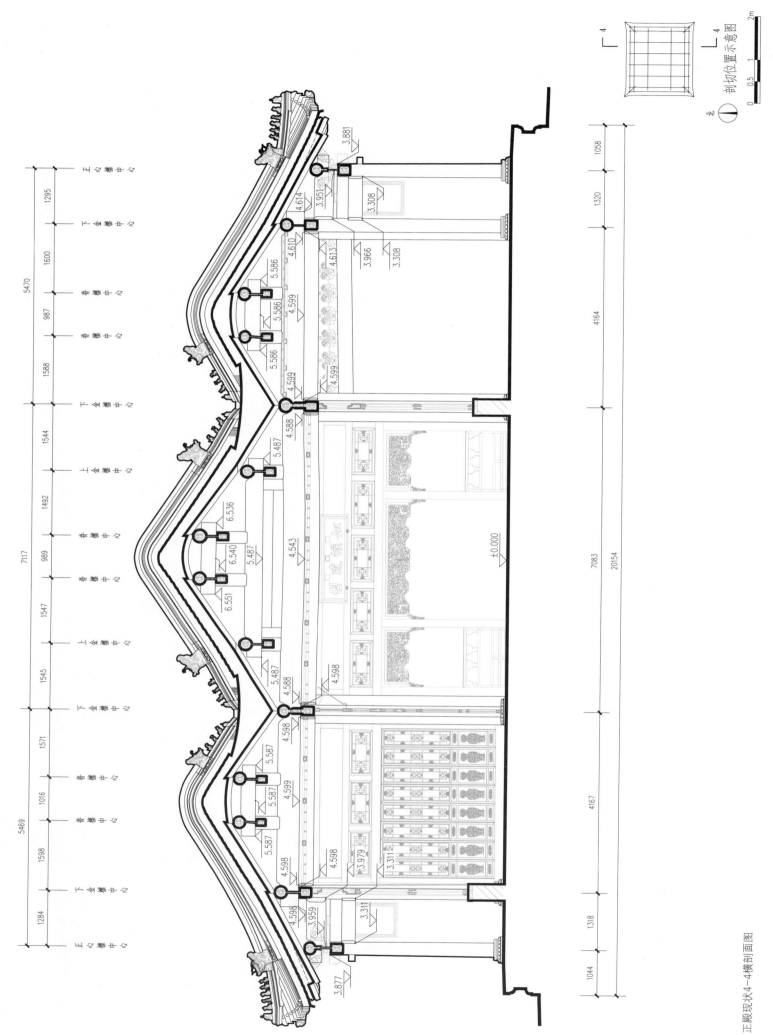

正殿现状4—4横剖面图

剖切位置示意图

梁截面大样图 1:25

檩、垫板、枋截面大样图 1:25

后卷月梁　　中卷月梁　　前卷月梁

后卷四架梁　　中卷四架梁　　前卷四架梁

后卷六架梁　　中卷六架梁　　前卷六架梁

后檐下金檩（南）、垫板、枋　　中卷上金檩（南）、垫板、枋　　前卷脊檩、垫板、枋

后卷脊檩（南）、垫板、枋　　中卷脊檩（南）、垫板、枋　　前卷下金檩（南）、垫板、枋

后卷脊檩（北）、垫板、枋　　中卷脊檩（北）、垫板、枋　　前卷脊檩（南）、垫板、枋

后卷下金檩（北）、垫板、枋　　中卷上金檩（北）、垫板、枋　　前卷脊檩（北）、垫板、枋

后檐下金檩、垫板、枋　　中卷下金檩（北）、垫板、枋　　前卷下金檩（北）、垫板、枋

正殿现状4-4剖面大木构件断面大样图

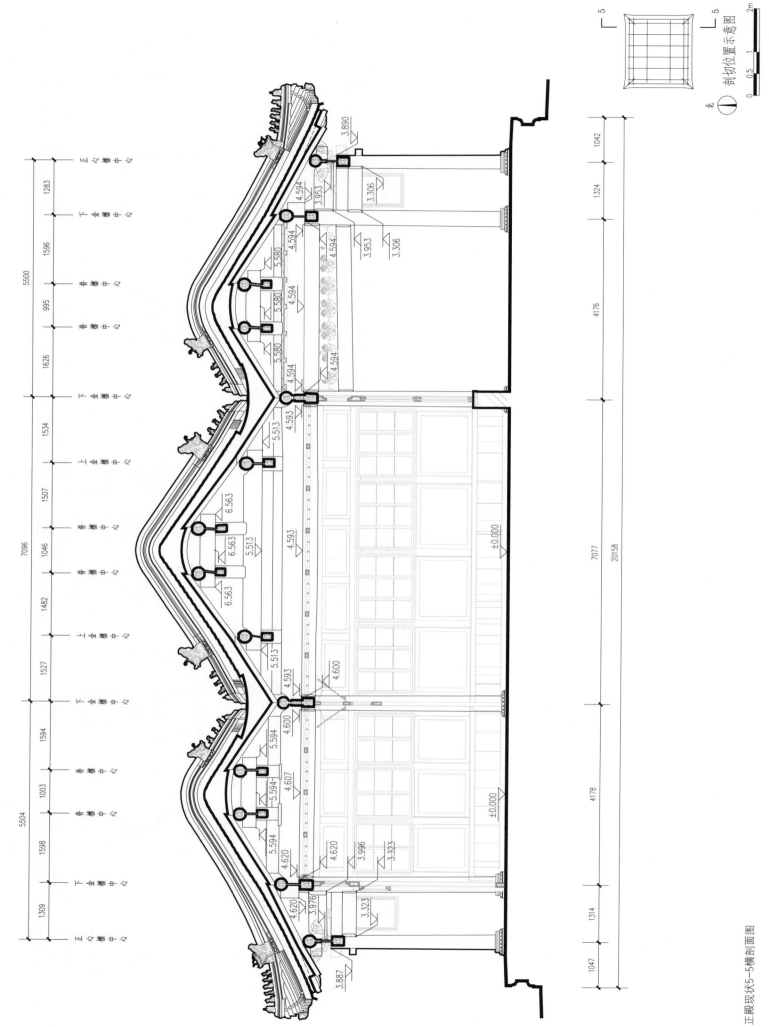

正殿现状5—5横剖面图

剖切位置示意图

梁截面大样图 1:25

后卷月梁　　后卷四架梁　　后卷搭大梁
中卷月梁　　中卷四架梁　　中卷六架梁
前卷月梁　　前卷四架梁　　前卷搭大梁

檩、垫板、枋截面大样图 1:25

后卷下金檩（南）、垫板、枋
后卷脊檩（南）、垫板、枋
后卷脊檩（北）、垫板、枋
后卷下金檩（北）、垫板、枋
后卷檐檩、垫板、枋

中卷上金檩（南）、垫板、枋
中卷脊檩（南）、垫板、枋
中卷脊檩（北）、垫板、枋
中卷上金檩（北）、垫板、枋

前卷脊檩、垫板、枋
前卷下金檩（南）、垫板、枋
前卷脊檩（南）、垫板、枋
前卷脊檩（北）、垫板、枋
前卷下金檩（北）、垫板、枋

正殿现状5—5剖面大木构件断面大样图

测绘图

159

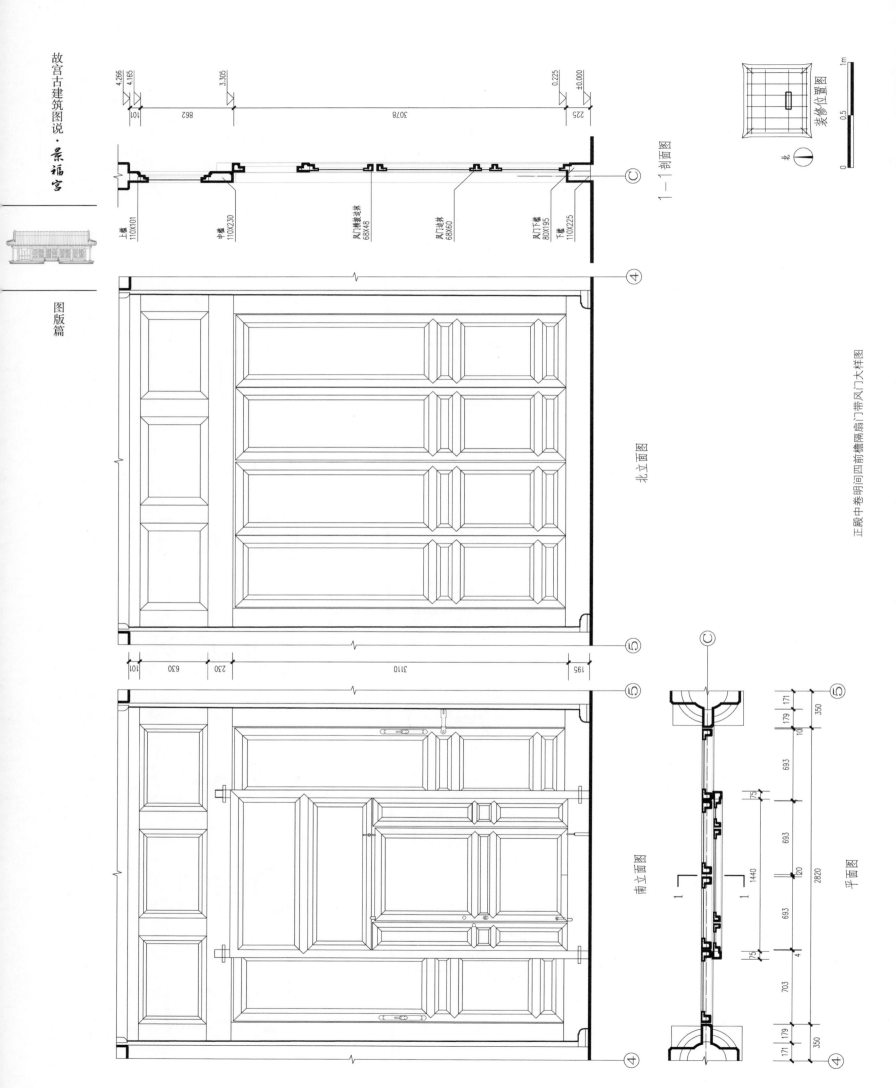

上槛
110X101

中槛
110X230

风门横裁边抹
68X48

风门边梃
68X60

风门下槛
80X195

下槛
110X225

1—1 剖面图

装修位置图

北立面图

南立面图

平面图

正殿中卷明间四角前檐隔扇隔扇门带风门大样图

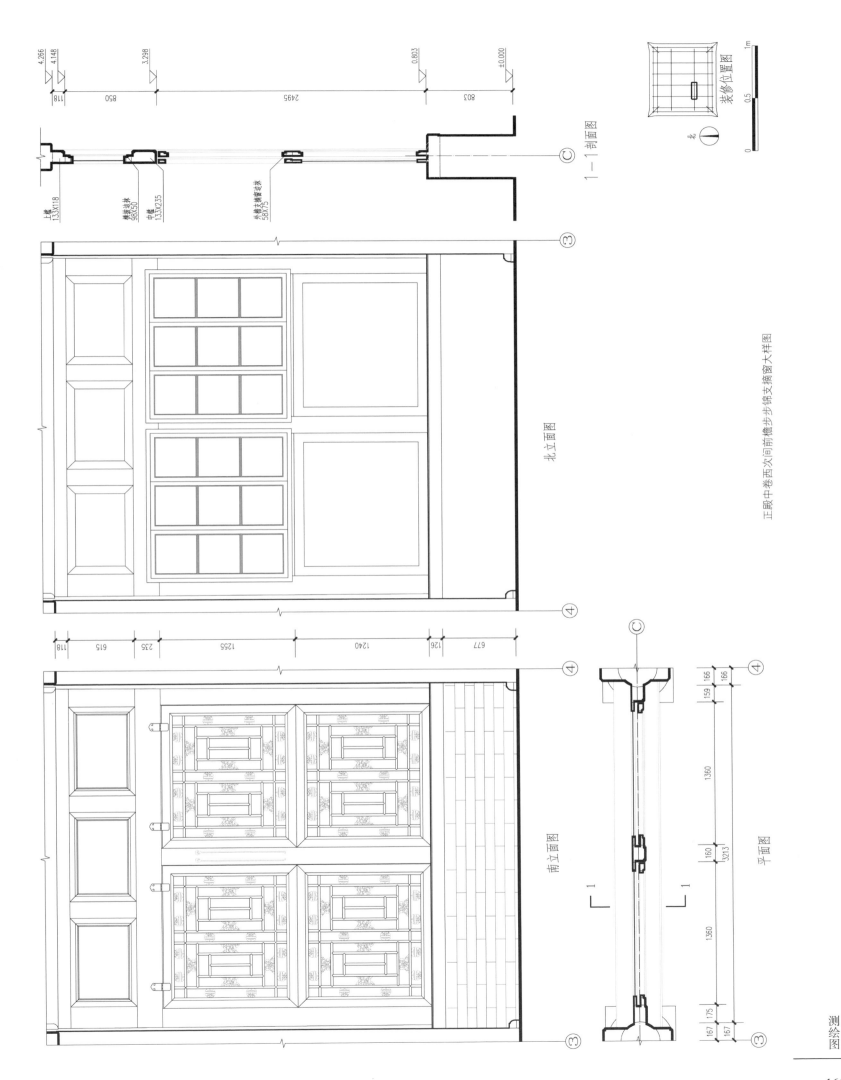

北立面图

南立面图

1—1剖面图

平面图

装修位置图

正殿中卷西间次间前檐步步锦支摘窗大样图

土槫
133X118

椽连林
98X50

中槛
133X235

外檐天槛窗连林
58X75

测绘图

161

西立面图

1－1剖面图

装修位置图

北

平面图

提装上栿 110X130

上栿 110X155

棂裝过枋 86X48

棂裝棊条 15X13

棂裝仔边 25X17

中栿 110X200

牙子厚 70

闸柱 110X190

正殿中卷东间东缝栏杆罩大样图1

正殿中卷东次间东缝栏杆罩大样图2

东立面图

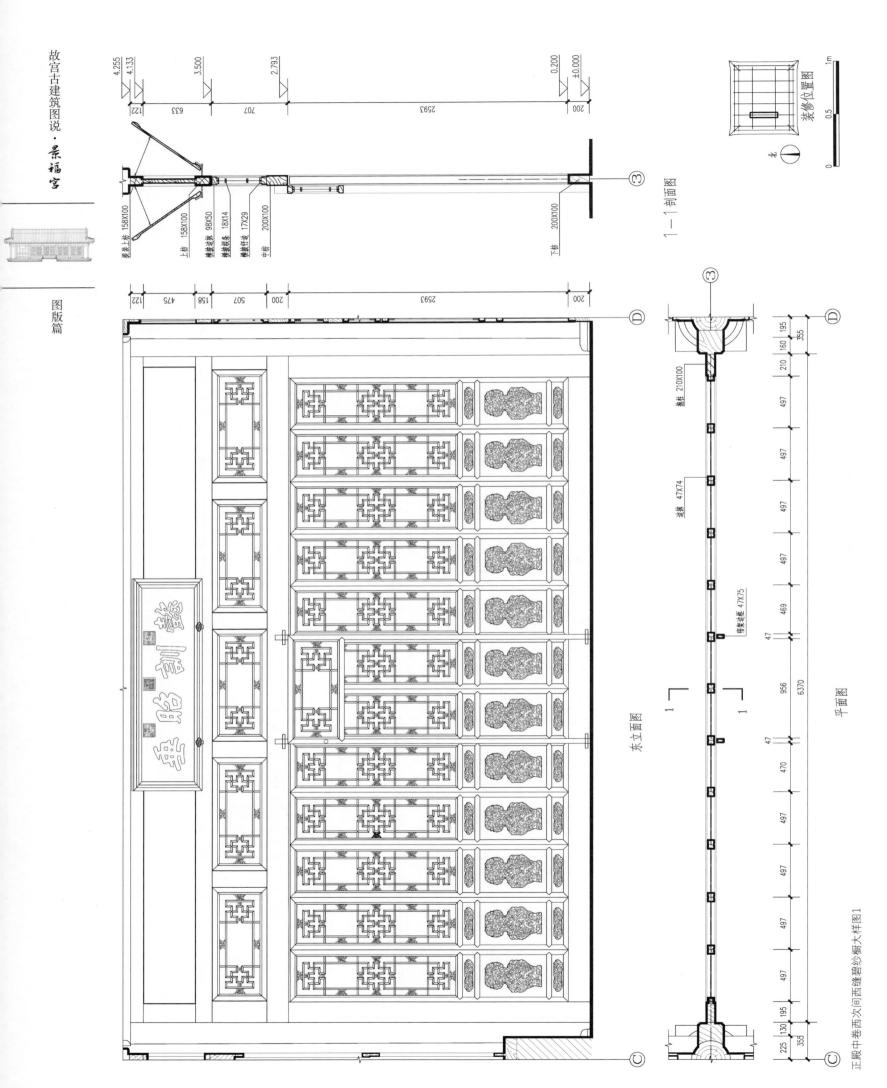

装修上坊 158X100
上坊 158X100
横披边抹 98X50
横披棂条 18X14
横披仔边 17X29
中坊 200X100

下坊 200X100

1—1剖面图

装修位置图

北

东立面图

檐柱 210X100

过抹 47X74

做案迎面 47X75

平面图

正殿中卷西次间西缝碧纱橱大样图1

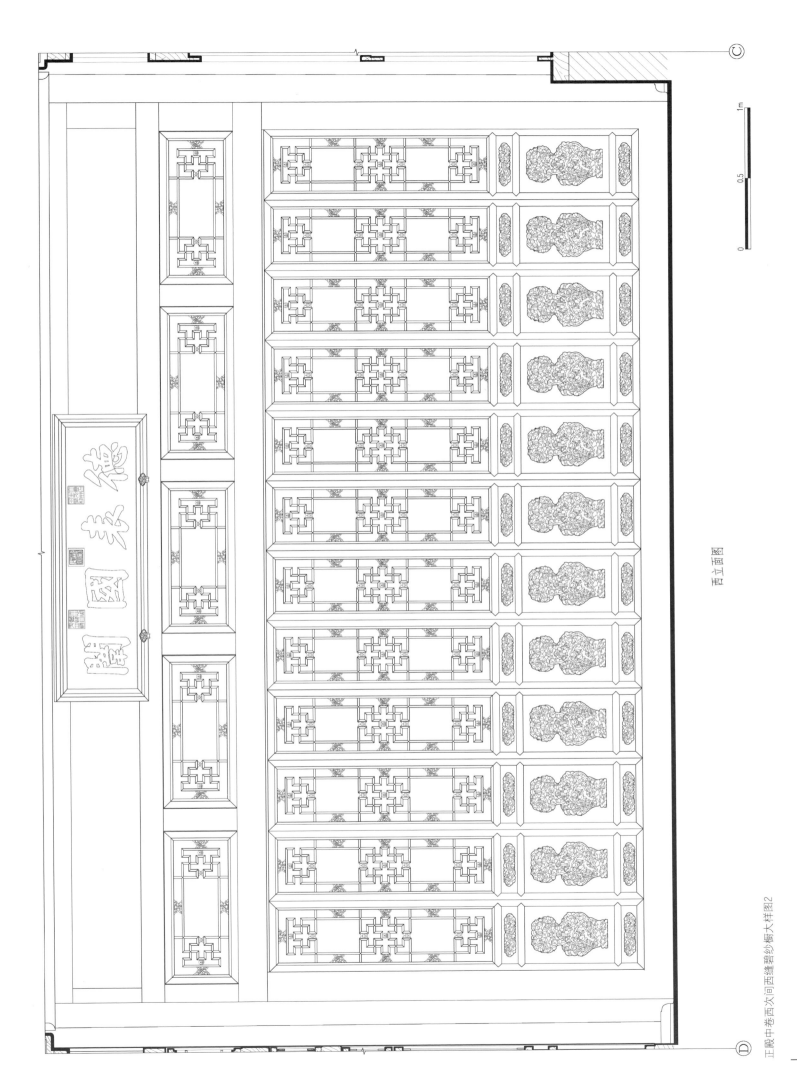

西立面图

正殿中卷西次间西缝碧纱橱大样图2

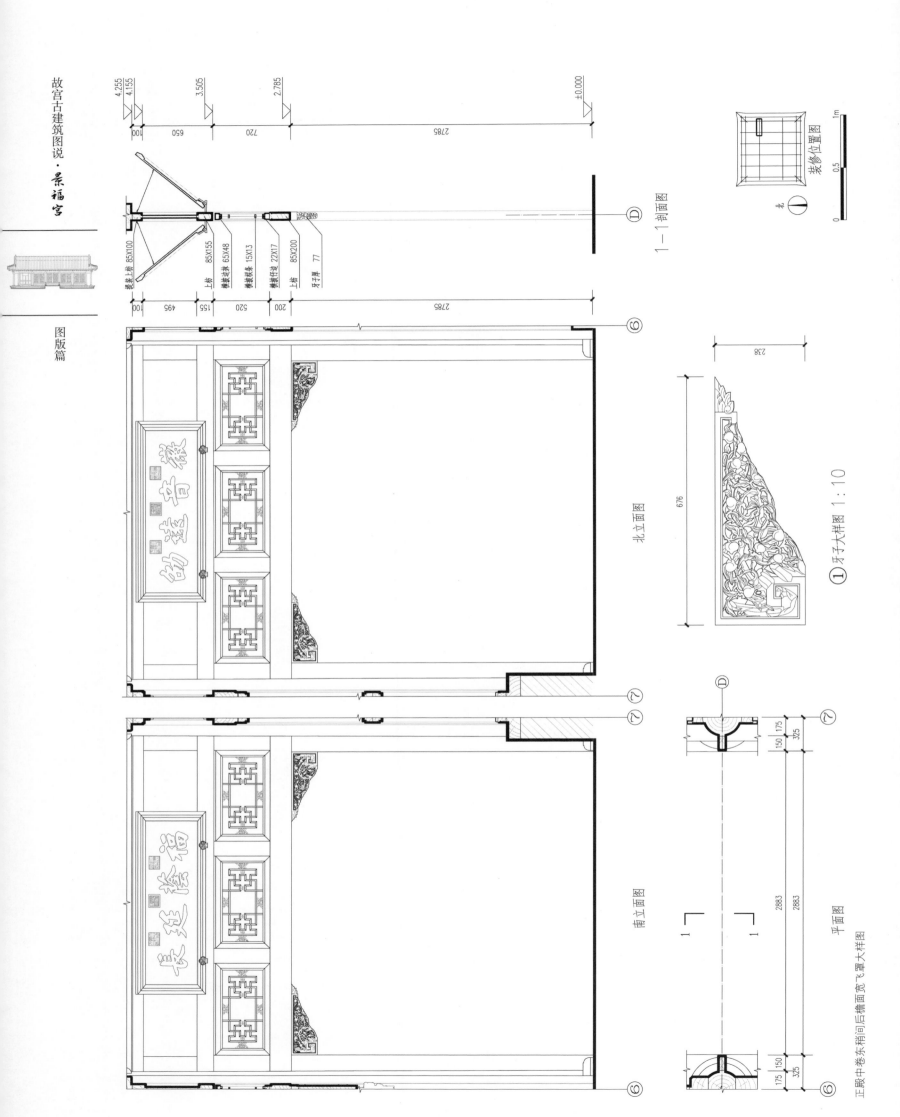

1—1剖面图

装修位置图

北

北立面图

676

238

① 牙子大祥图 1:10

南立面图

平面图

正殿中卷东稍间后檐面宽飞罩大样图

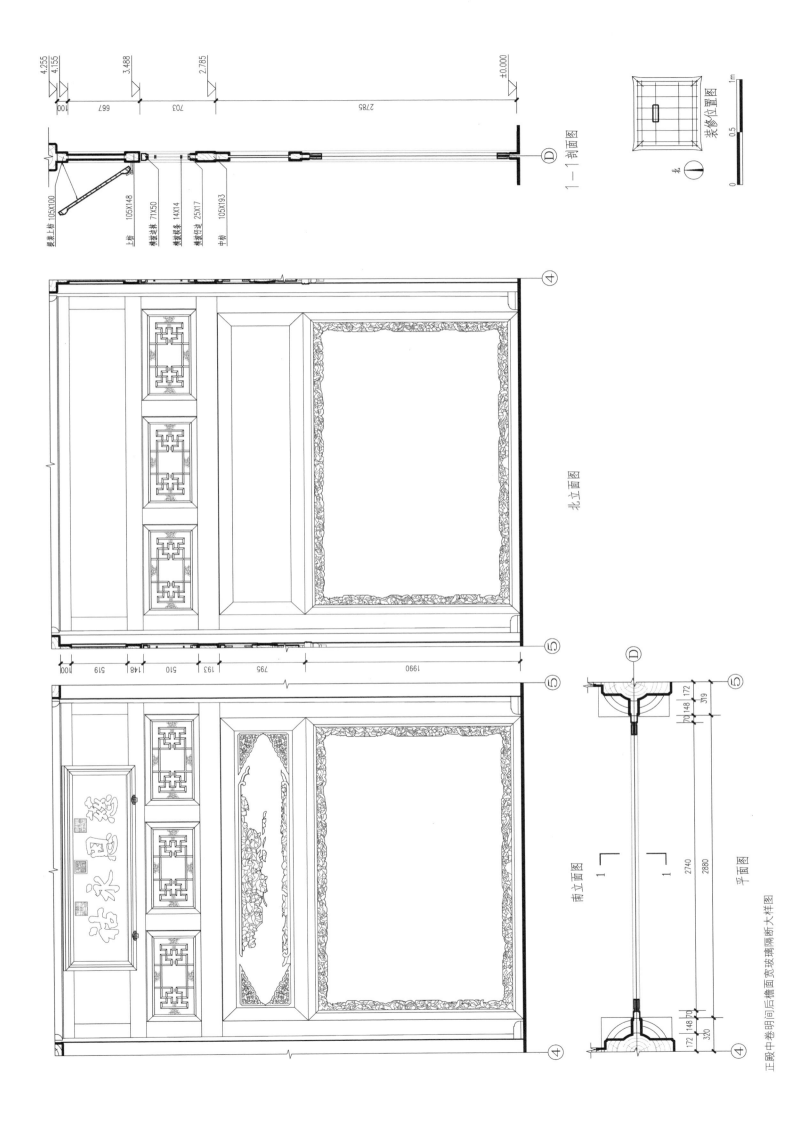

正殿中卷明间后檐面宽玻璃隔断大样图

测绘图

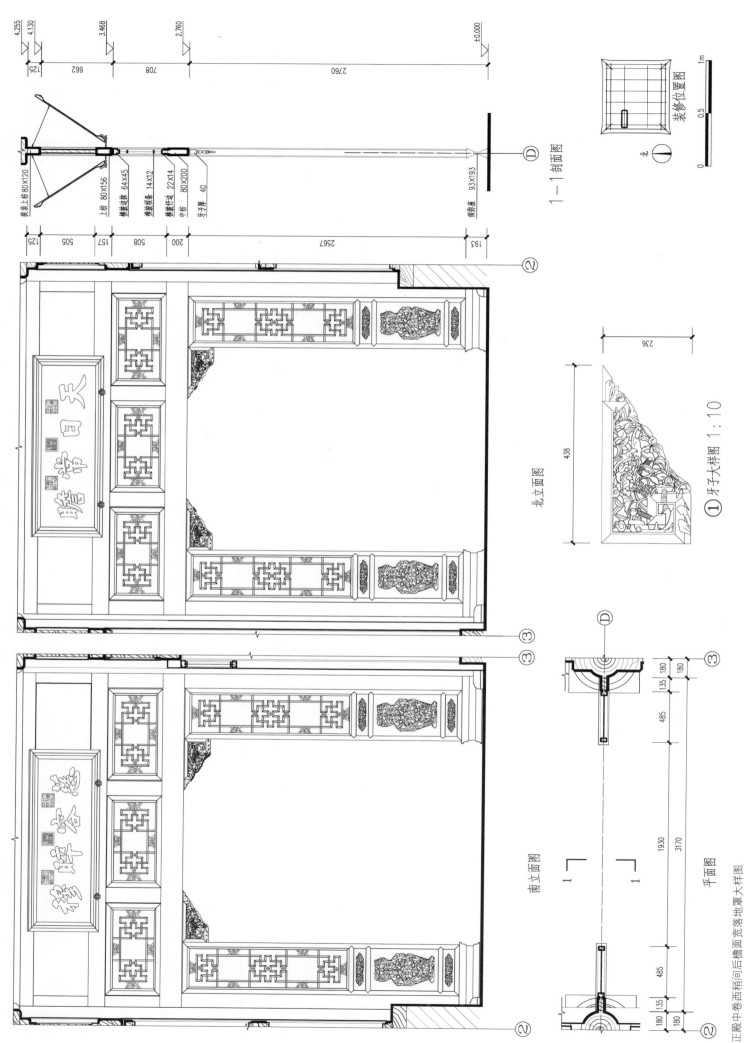

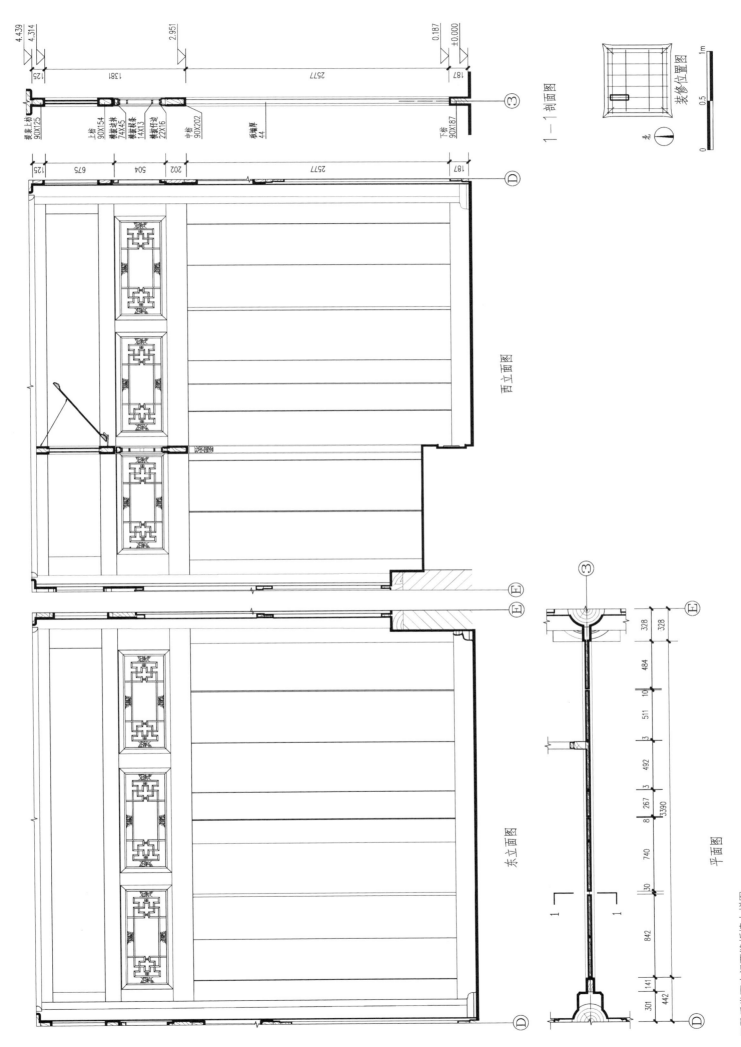

西立面图

东立面图

1—1剖面图

装修位置图

北

平面图

正殿后卷西次间西间西缝板墙大样图

测绘图

169

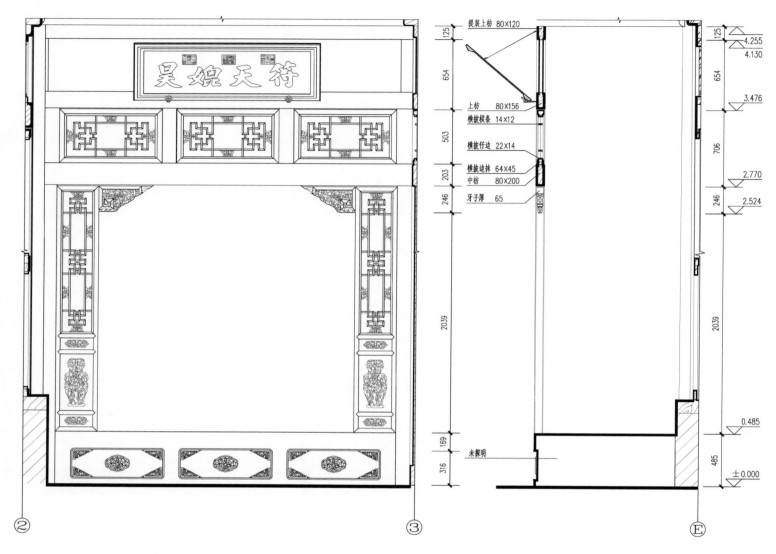

南立面图

1—1剖面图

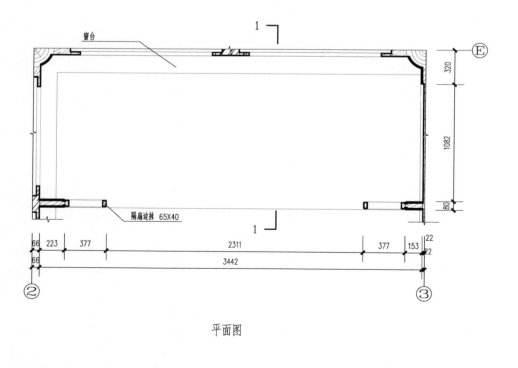

平面图

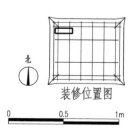

装修位置图

正殿后卷西稍间后檐面宽落地床罩及床大样图

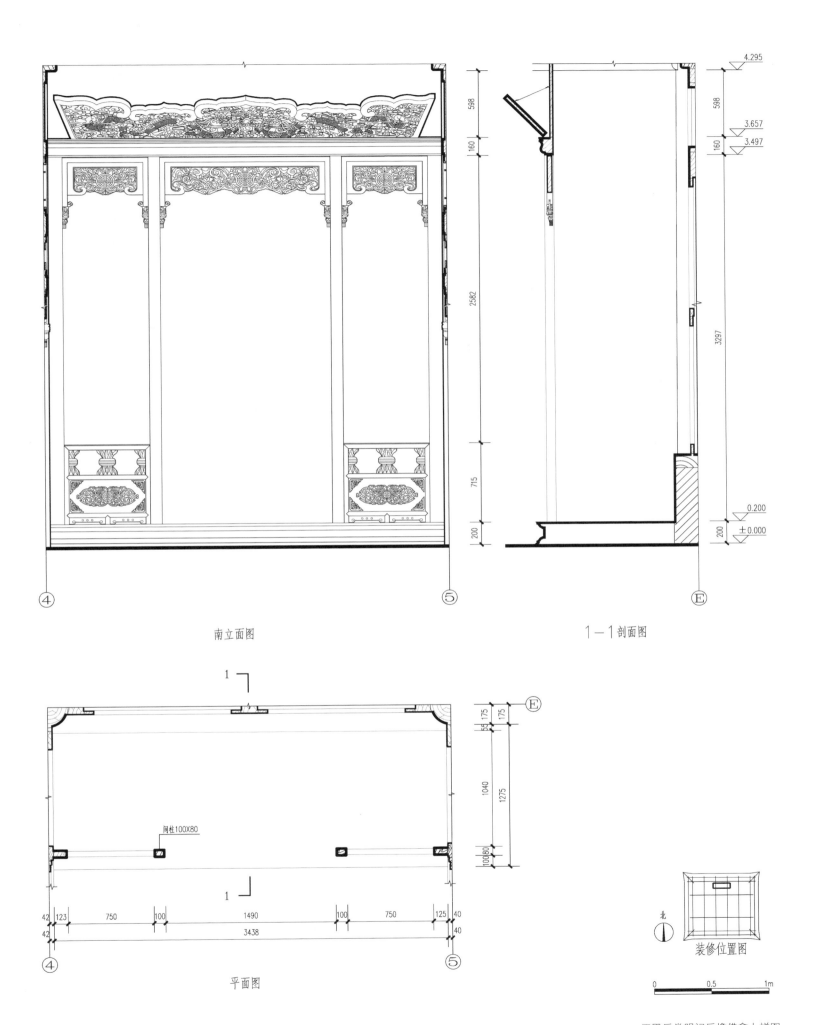

南立面图

1—1剖面图

平面图

同柱100X80

装修位置图

北

0　　　　0.5　　　　1m

正殿后卷明间后檐佛龛大样图

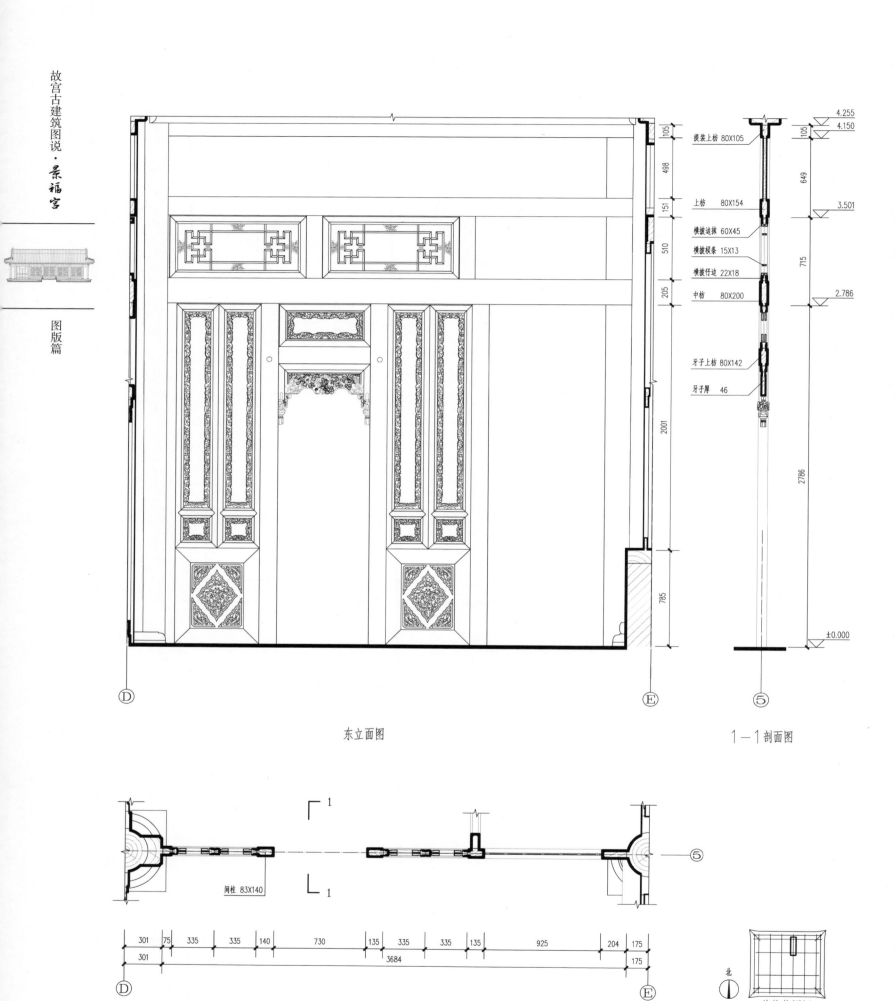

东立面图

1－1剖面图

提装上枋 80X105

上枋 80X154

横披边抹 60X45

横披棂条 15X13

横披仔边 22X18

中枋 80X200

牙子上枋 80X142

牙子厚 46

间柱 83X140

平面图

装修位置图

北

正殿后卷明间东缝玻璃隔扇槛窗门口大样图1

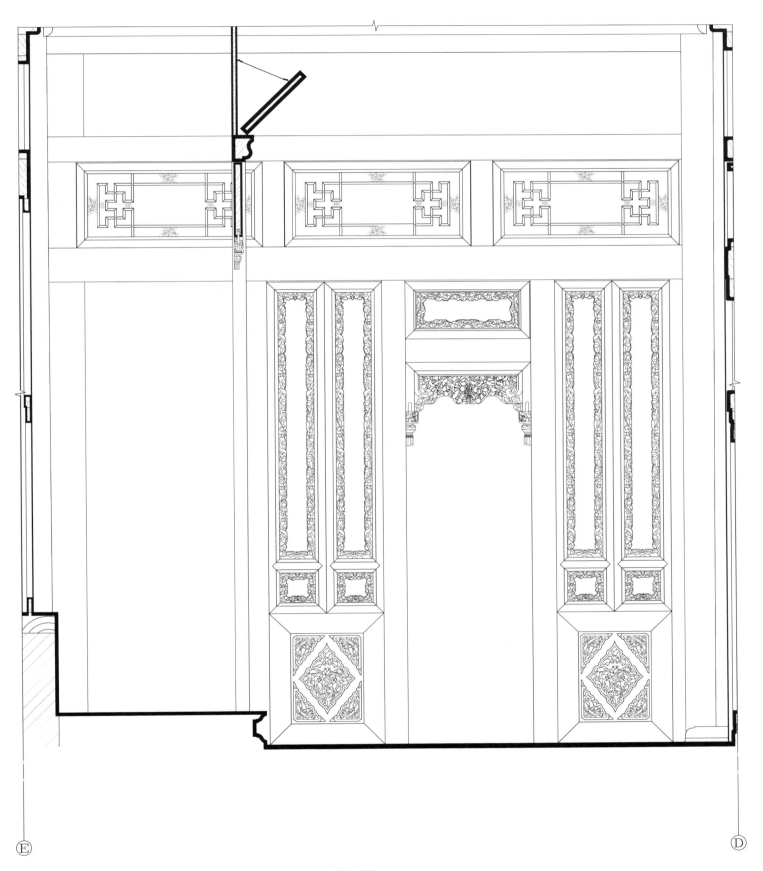

西立面图

正殿后卷明间东缝玻璃隔扇槛窗门口大样图2

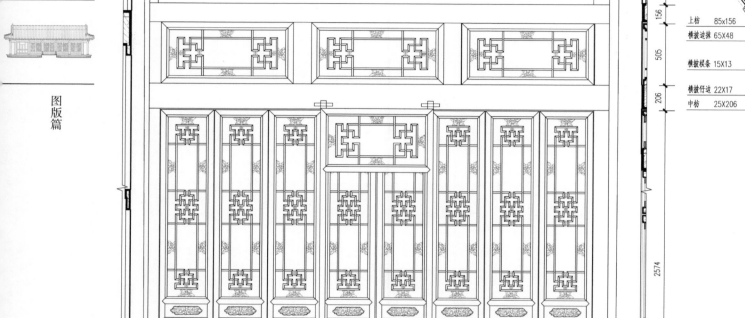

西立面图

1—1剖面图

提装上枋 85x115
上枋 85x156
横披迎抹 65X48
横披棂条 15X13
横披仔边 22X17
中枋 25X206
下枋 85X197

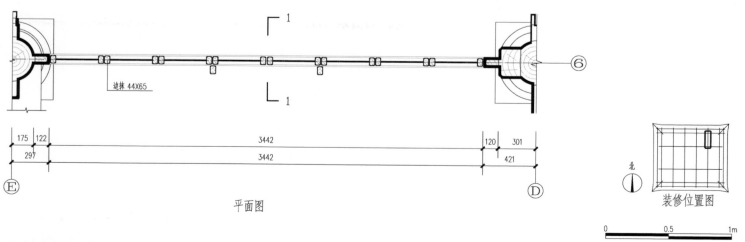

迎抹 44X65

平面图

装修位置图

北

正殿后卷东次间东缝碧纱橱大样图1

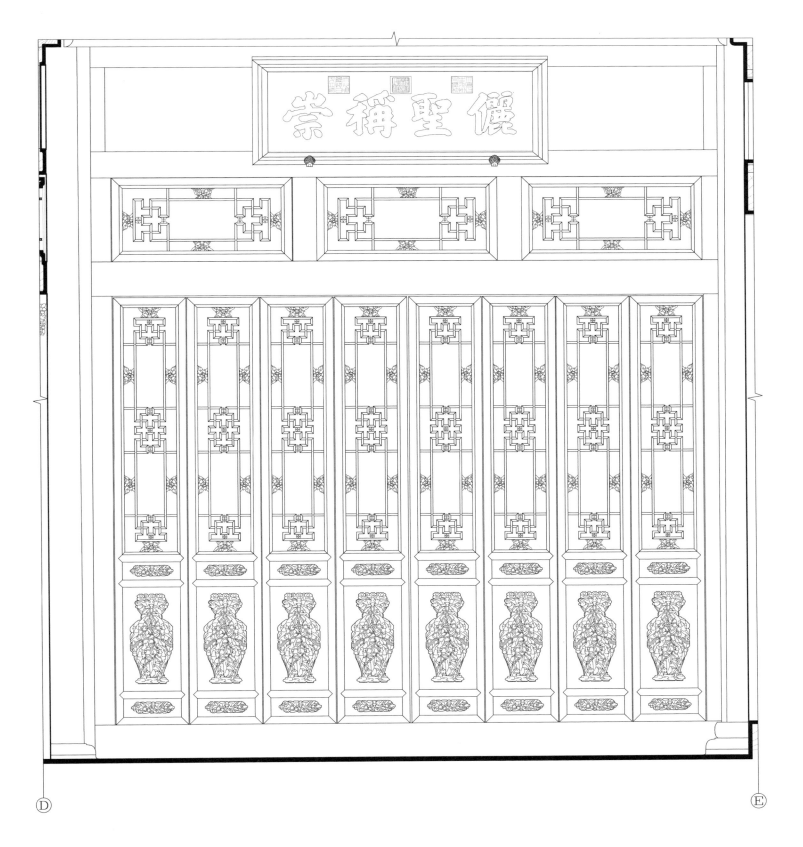

东立面图

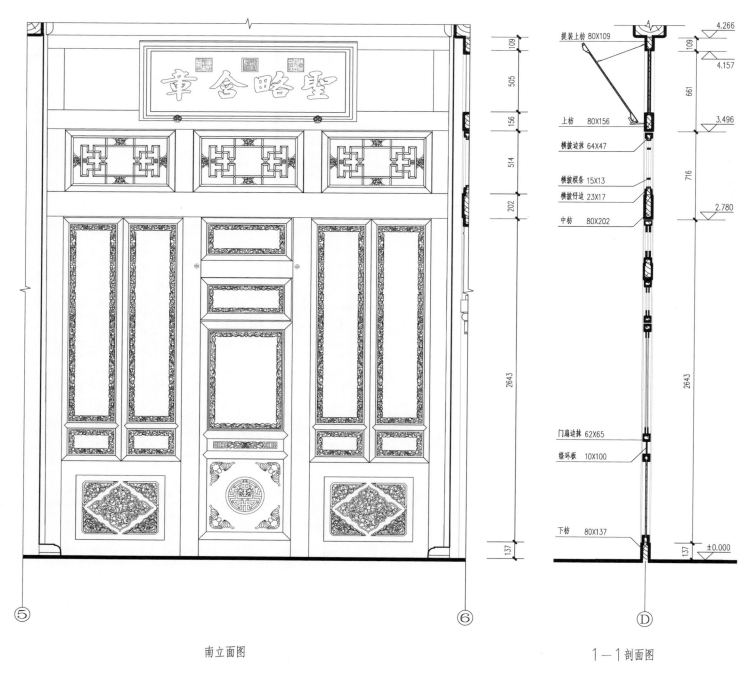

南立面图

1—1剖面图

平面图

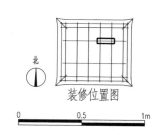

装修位置图

北

0   0.5   1m

正殿中卷东次间后檐面宽玻璃隔扇槛窗门大样图

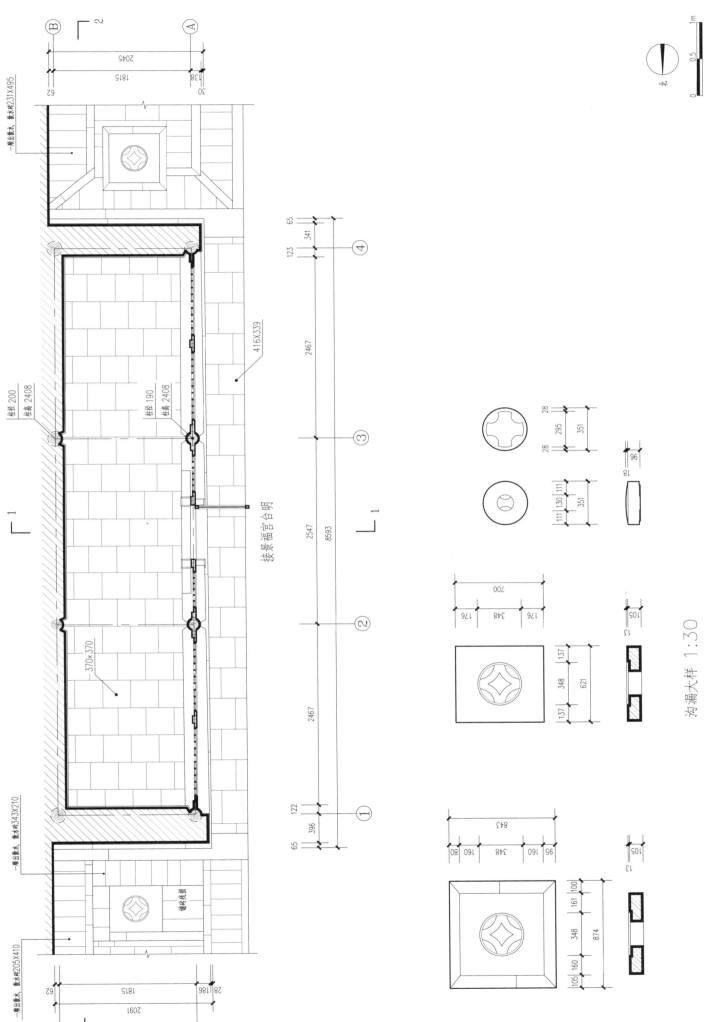

沟漏大样 1:30

东值房平面图

测绘图

4.287
4.124 ▽ 养春幕高点
        青瓦上皮

163

2.670 ▽ 檐檩下皮

1454

1.033 ▽ 下檐

1637

±0.000 ▽ 台明上皮

1033

−0.620 ▽ 室外地坪

620

工字形卡子铁多步墙支摘窗

后改工字形卡子铁四步墙隔扇门

干摆十字缝墙槛 445X120

青瓦 六样黄色琉璃
彩画 苏式墙头彩画

东值房西立面图

0   0.5   1m

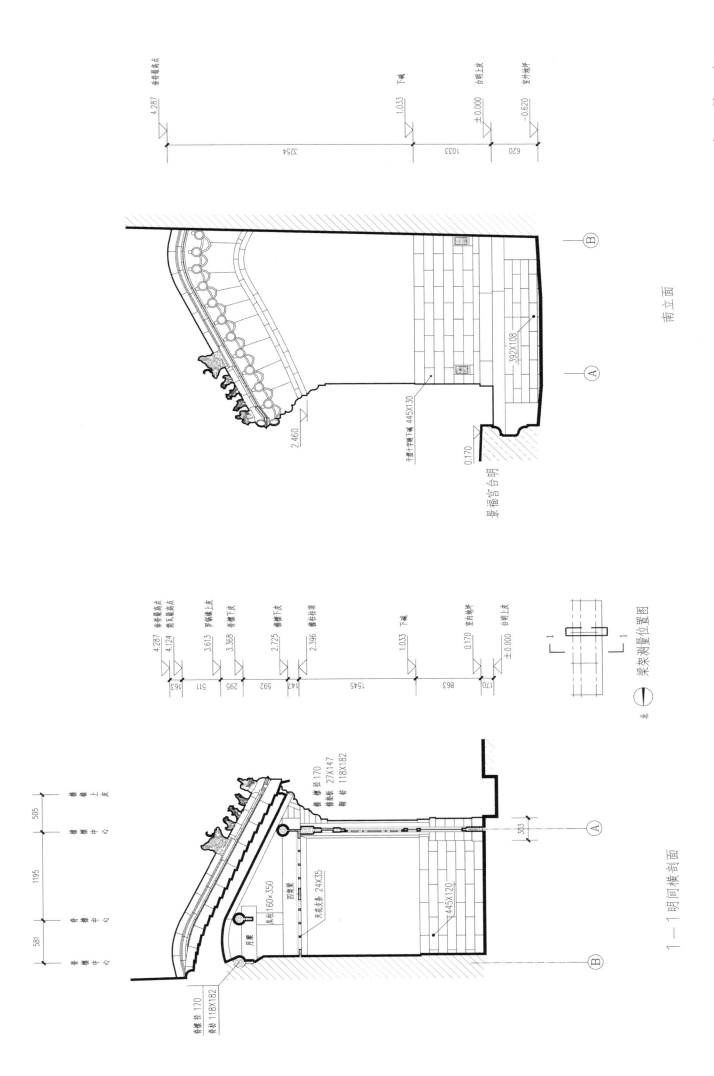

东值房南立面及1-1明间横剖面图

南立面

梁架测量位置图

1-1明间横剖面

测绘图

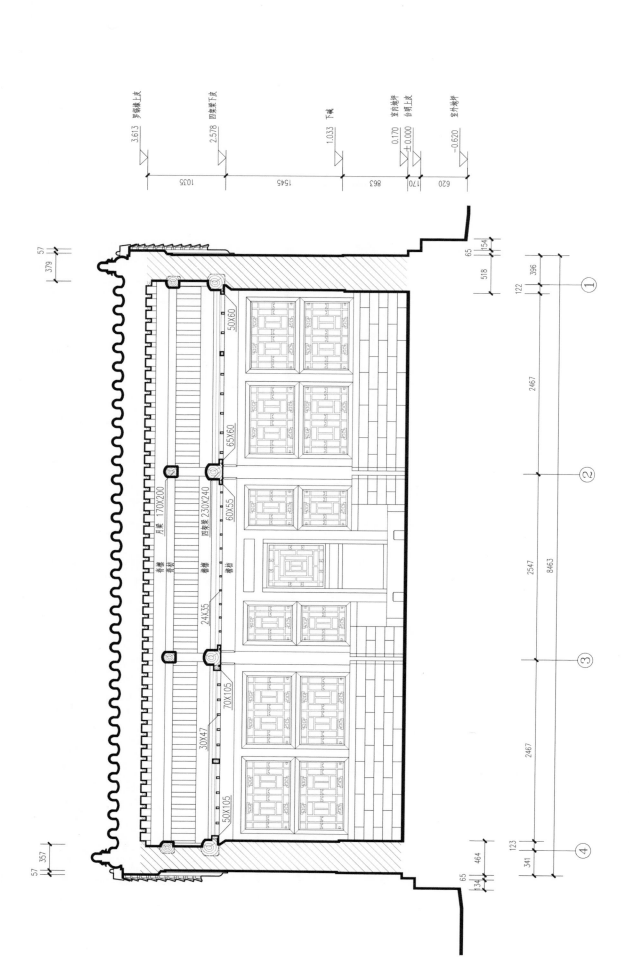

东值房2-2纵剖面图

梁架测量位置图

北

0 0.5 1m

3.613 罗锅椽上皮
2.578 四架下皮
1.033 下架
0.170 室内檐枋
±0.000 台明上皮
-0.620 室外墁枋

1035
1545
863
170
620

月梁 170X200
四架梁 230X240

50X60
65X60
60X55
24X35
70X105
30X47
50X105

57 379
57 357

65 154
518
122
396
2467
2547 8463
2467
123
341
65 464
134

① ② ③ ④

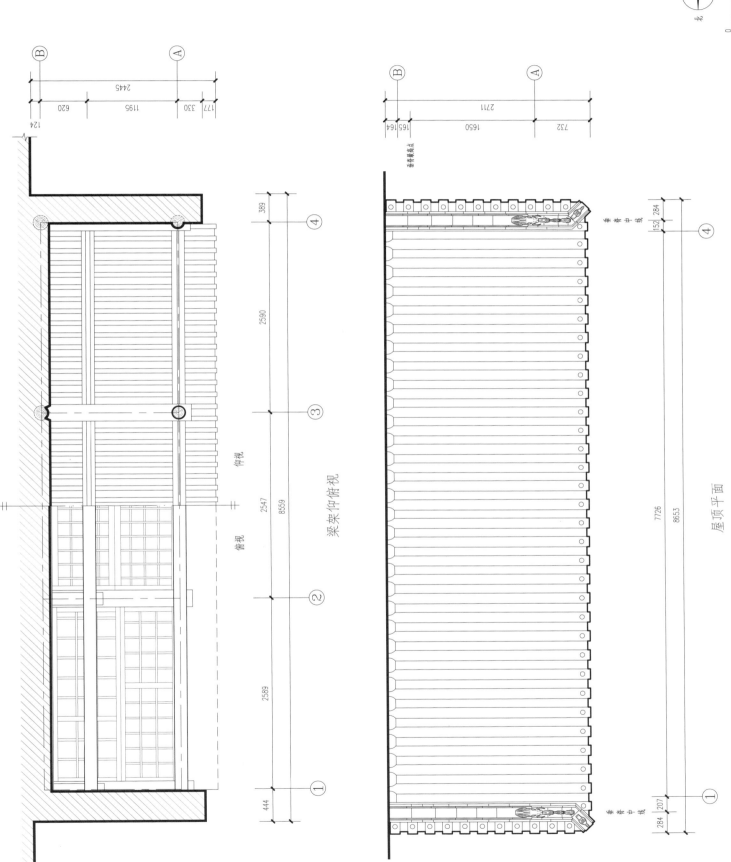

梁架仰视

仰视

俯视

屋顶平面

东值房屋顶平面及梁架仰俯视图

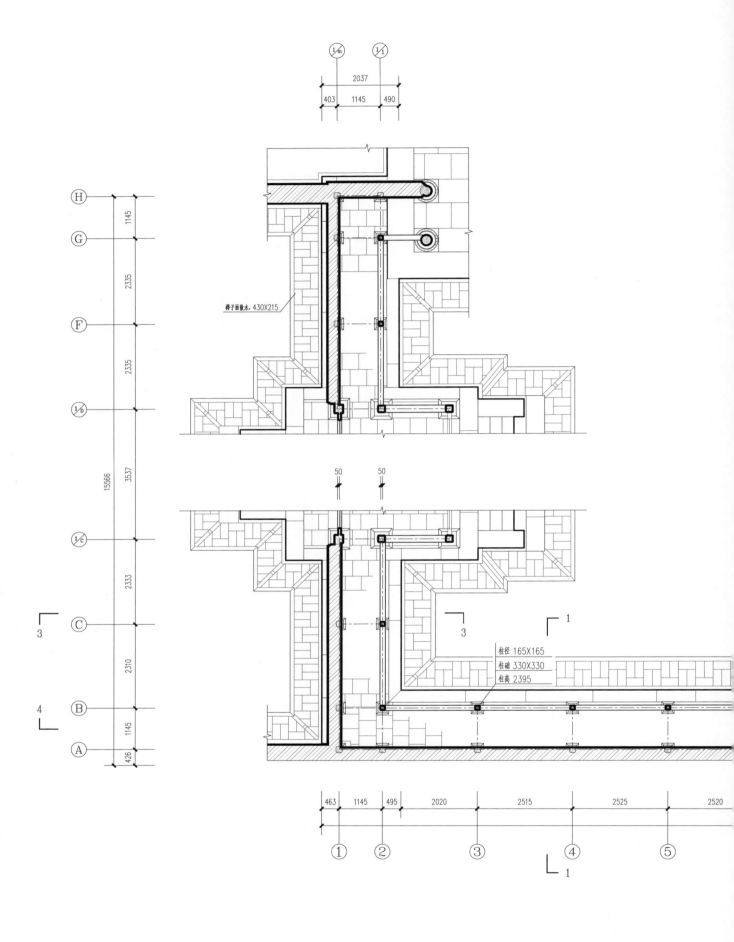

裙子面散水，430X215

50   50

柱径 165X165
柱础 330X330
柱高 2395

游廊平面图

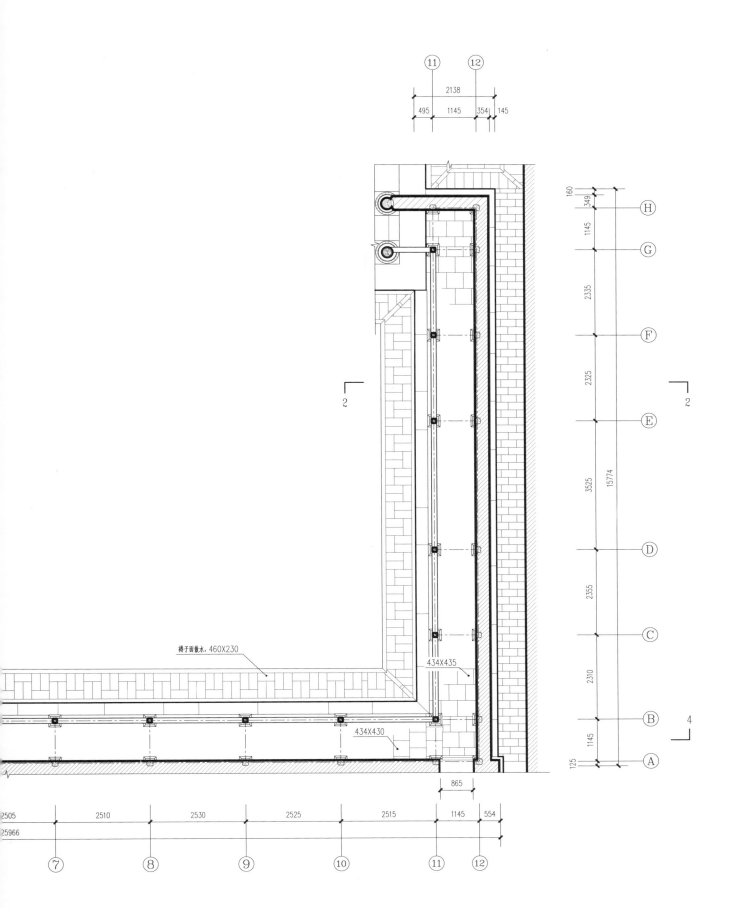

裤子面散水，460×230

434×435

434×430

2138

11 12

495 1145 354 145

160
349 H
1145
G
2335
F
2325
E
15774
3525
D
2355
C
2310
2
4
B
1145
125 A

865

2505 2510 2530 2525 2515 1145 554
25966

7 8 9 10 11 12

测绘图

图版篇

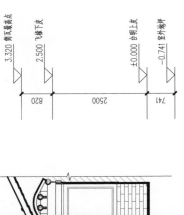

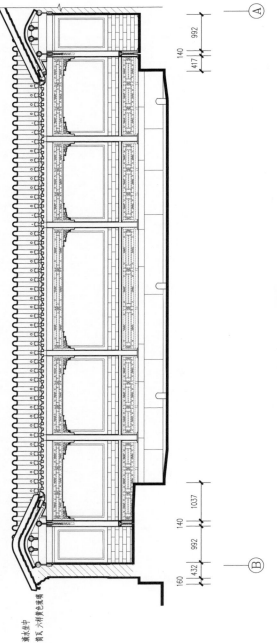

东侧游廊西立面

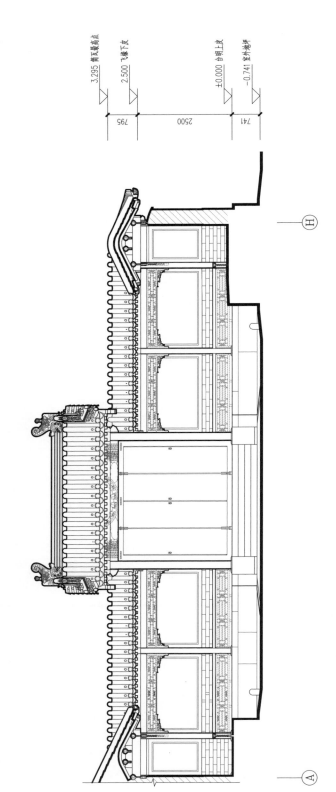

西侧游廊东立面

东侧游廊西立面及西侧游廊东立面图

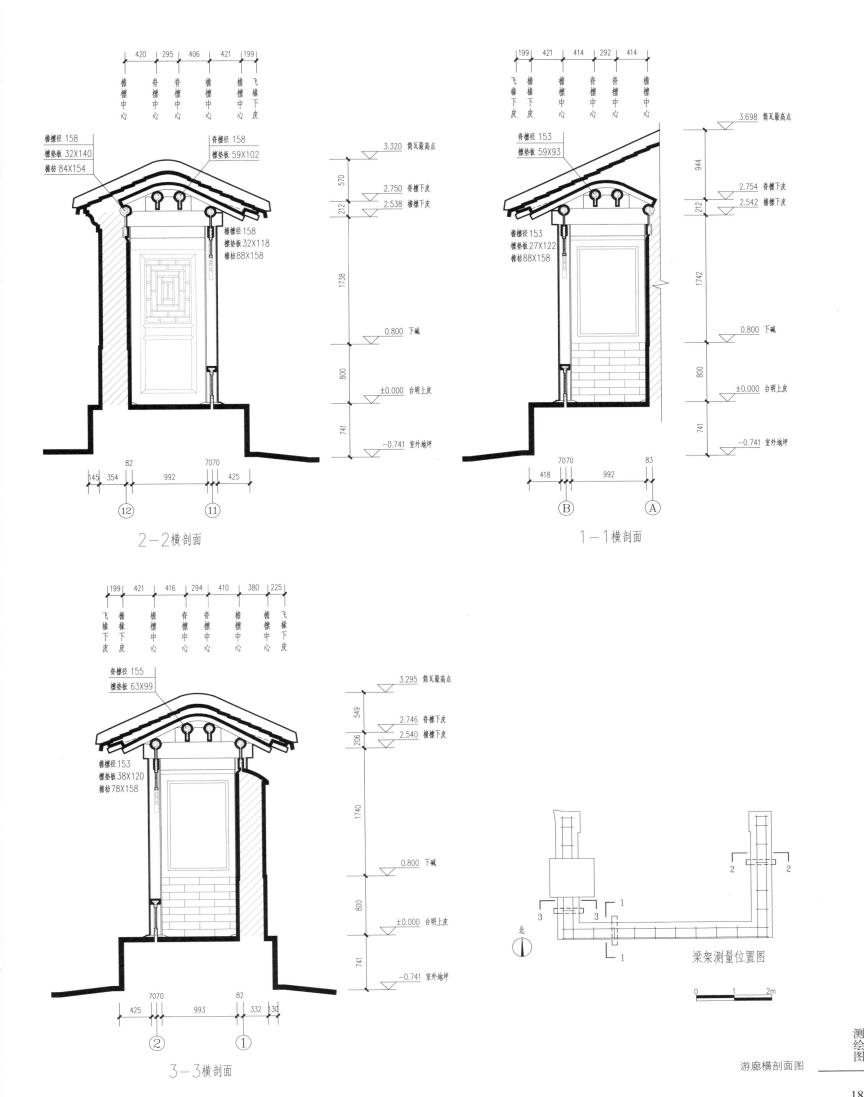

420　295　406　421　199

檐檩中心　脊檩中心　脊檩中心　脊檩中心　檐檩下皮　飞檐下皮

檐檩径 158
檩垫板 32X140
檐枋 84X154

脊檩径 158
檩垫板 59X102

檐檩径 158
檩垫板 32X118
檐枋 88X158

3.320　筒瓦最高点

570

2.750　脊檩下皮
2.538　檐檩下皮

212

1738

0.800　下碱

800

±0.000　台明上皮

741

-0.741　室外地坪

145　354　82　7070　425

992

⑫　⑪

2-2横剖面

199　421　414　292　414

飞檐下皮　檐檩下皮　脊檩中心　脊檩中心　脊檩中心　檐檩中心

脊檩径 153
檩垫板 59X93

檐檩径 153
檩垫板 27X122
檐枋 88X158

3.698　筒瓦最高点

944

2.754　脊檩下皮
2.542　檐檩下皮

212

1742

0.800　下碱

800

±0.000　台明上皮

741

-0.741　室外地坪

418　7070　83

992

Ⓑ　Ⓐ

1-1横剖面

199　421　416　294　410　380　225

飞檐下皮　檐檩下皮　檐檩中心　脊檩中心　脊檩中心　檐檩中心　檐檩中心　飞檐下皮

脊檩径 155
檩垫板 63X99

檐檩径 153
檩垫板 38X120
檐枋 78X158

3.295　筒瓦最高点

549

2.746　脊檩下皮
2.540　檐檩下皮

206

1740

0.800　下碱

800

±0.000　台明上皮

741

-0.741　室外地坪

425　7070　993　82　332　130

②　①

3-3横剖面

北

3　3　1　1　2　2

梁架测量位置图

0　1　2m

游廊横剖面图

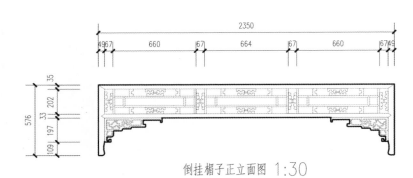

倒挂楣子正立面图 1:30

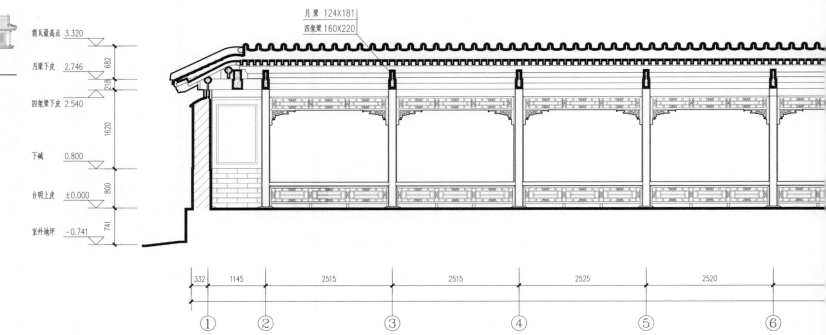

月梁 124×181
四架梁 160×220

筒瓦最高点 3.320

月梁下皮 2.746

四架梁下皮 2.540

下碱 0.800

台明上皮 ±0.000

室外地坪 -0.741

① ② ③ ④ ⑤ ⑥

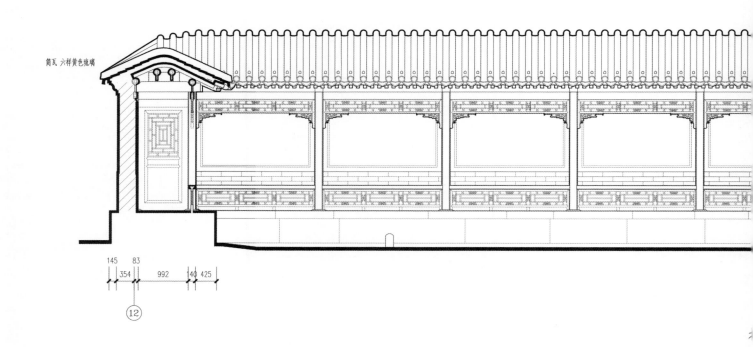

筒瓦 六样黄色琉璃

⑫

南侧游廊北立面及纵剖面图

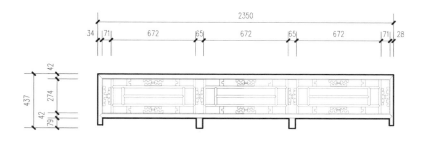

坐凳楣子立面图 1:30

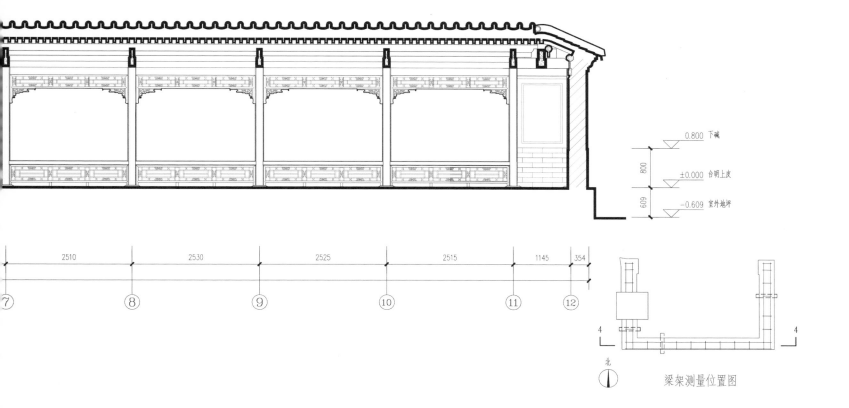

2510　2530　2525　2515　1145　354

⑦　⑧　⑨　⑩　⑪　⑫

0.800　下碱
800
±0.000　台明上皮
609
-0.609　室外地坪

北

梁架测量位置图

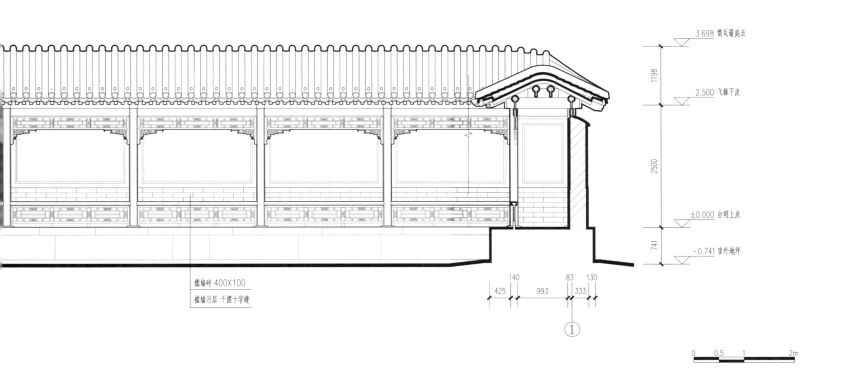

3.698　筒瓦最高点
1198
2.500　飞椽下皮

2500

±0.000　台明上皮
741
-0.741　室外地坪

槛墙砖 400X100
槛墙8层 干摆十字缝

425　993　140　83　333　130

①

0　0.5　1　2m

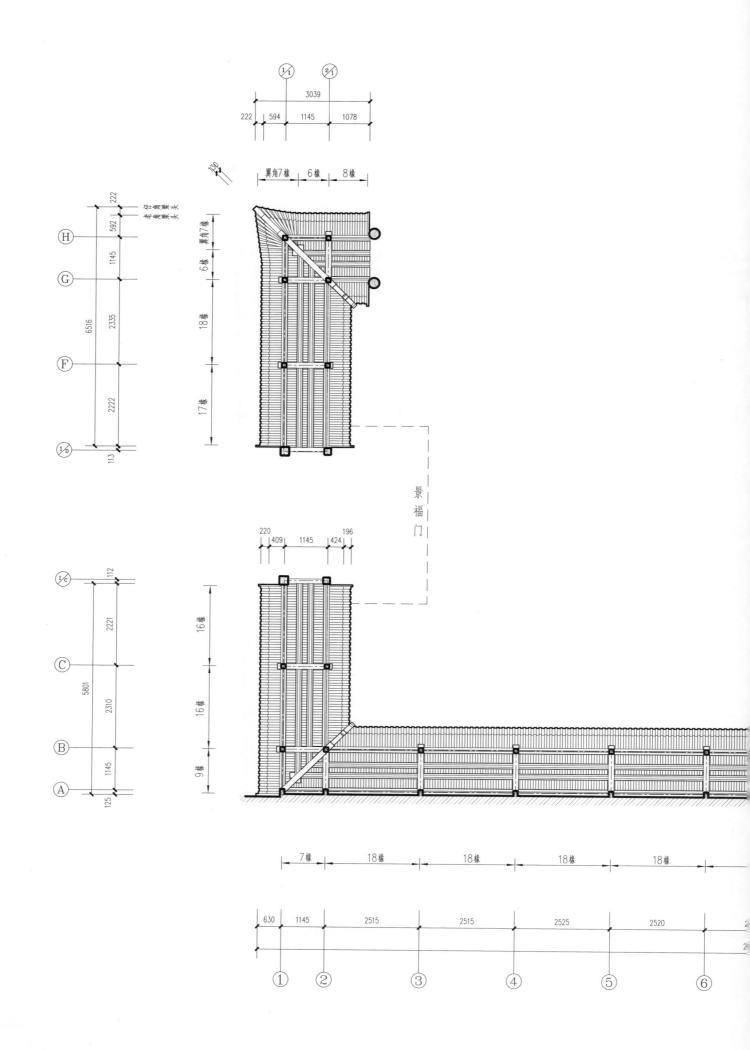

游廊梁架仰视图

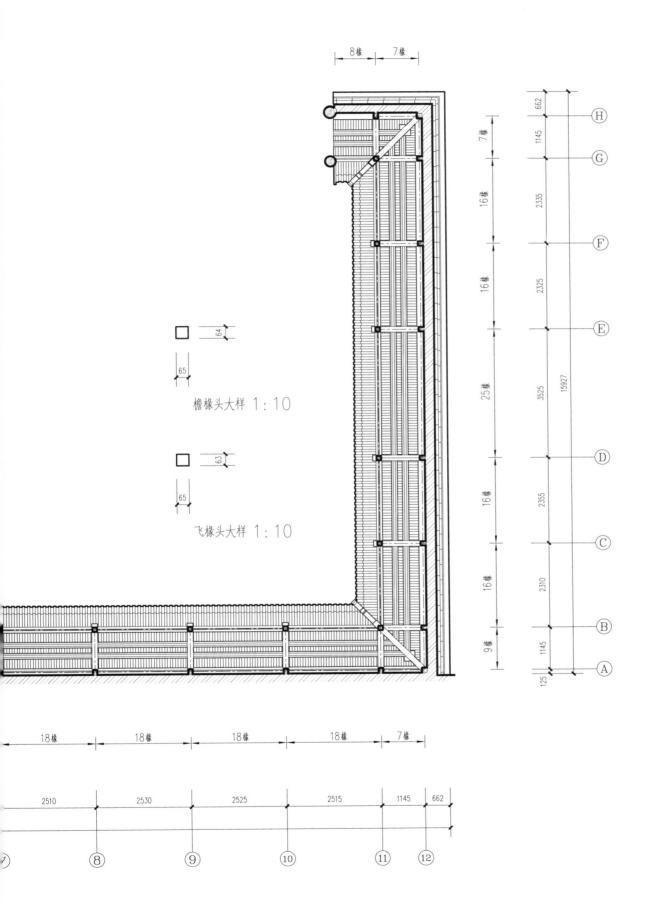

檐椽头大样 1:10

飞椽头大样 1:10

8椽 | 7椽

18椽 | 18椽 | 18椽 | 18椽 | 7椽

2510 | 2530 | 2525 | 2515 | 1145 | 662

⑦ ⑧ ⑨ ⑩ ⑪ ⑫

662 ⒣
7椽 1145
16椽 2335 ⒢
16椽 2325 ⒡
⒠
25椽 3525 15927
⒟
16椽 2355
⒞
16椽 2310
⒝
9椽 1145
125 ⒜

北

0 1 2m

测绘图

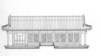

模型表现图

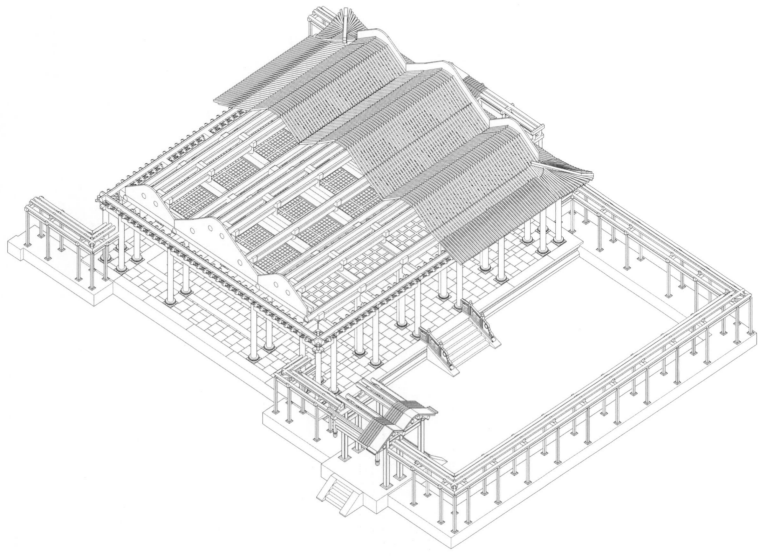

景福宫全景轴测图

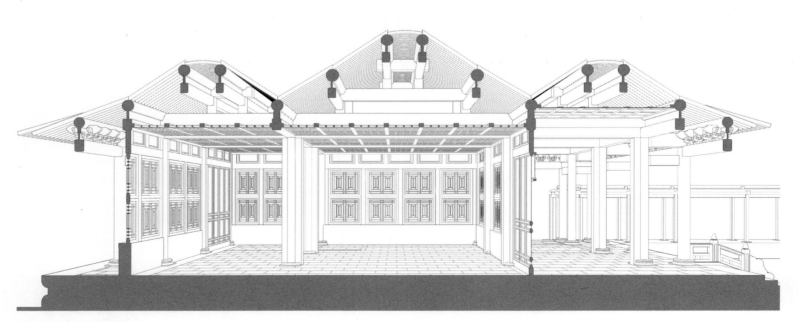

正殿剖透视图

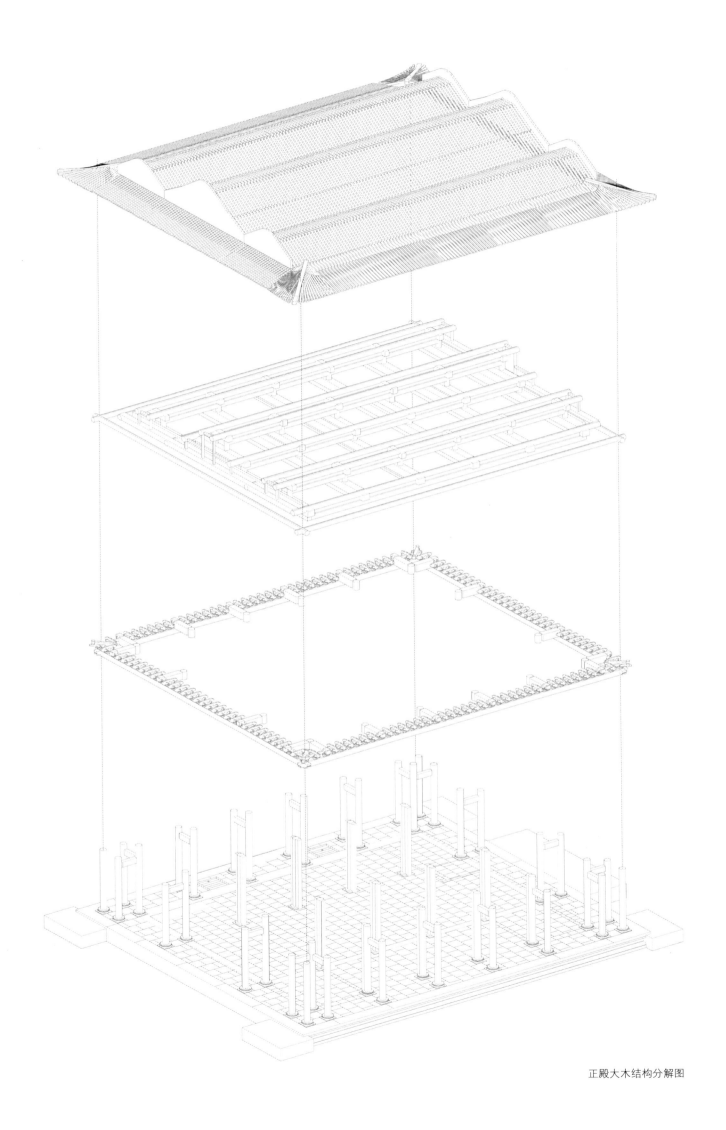

正殿大木结构分解图

正殿南立面透视图

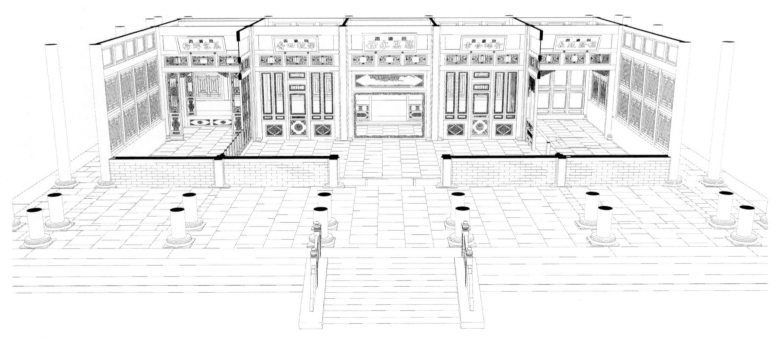

正殿透视图

正殿前卷人视点透视图

正殿中卷大木仰视图

正殿前卷大木仰视图

正殿剖透视图

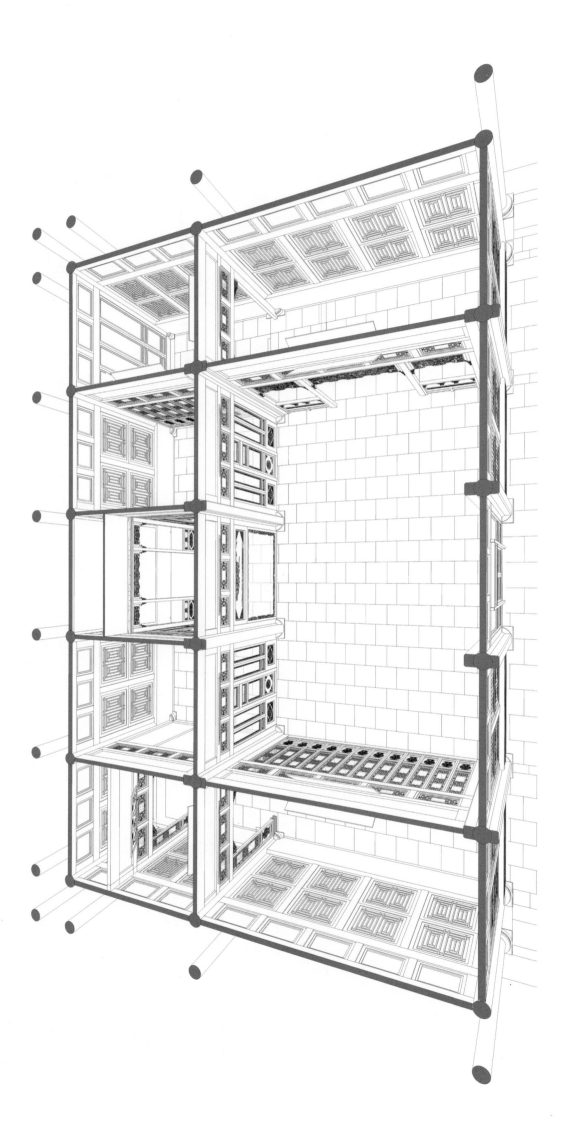

正殿室内透视图

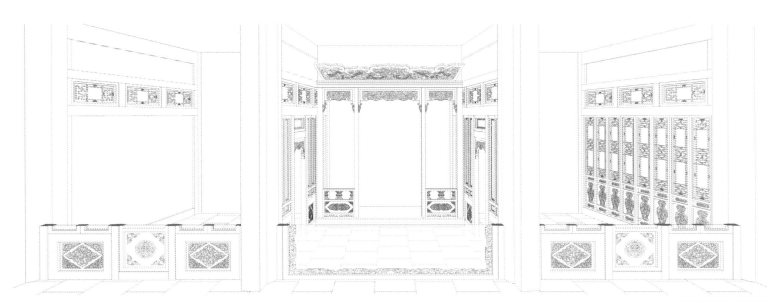

正殿后卷礼佛空间

正殿中卷门厅空间

正殿西稍间休憩空间

正殿东稍间通行空间

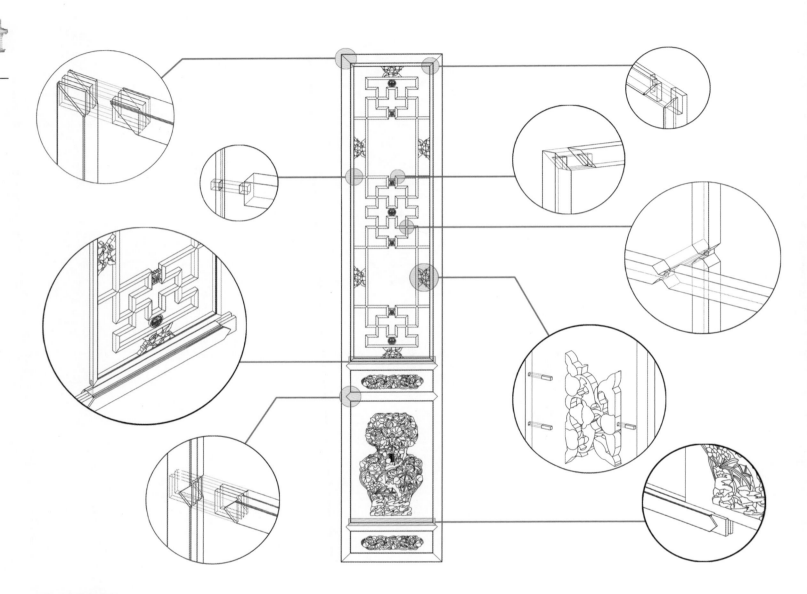

正殿隔扇榫卯分解图

点云及正射影像图

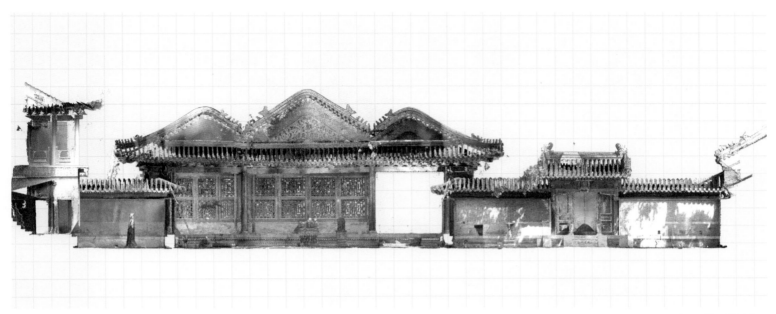

景福宫组群西立面正射影像图

景福宫组群南立面正射影像图

景福门北立面正射影像图

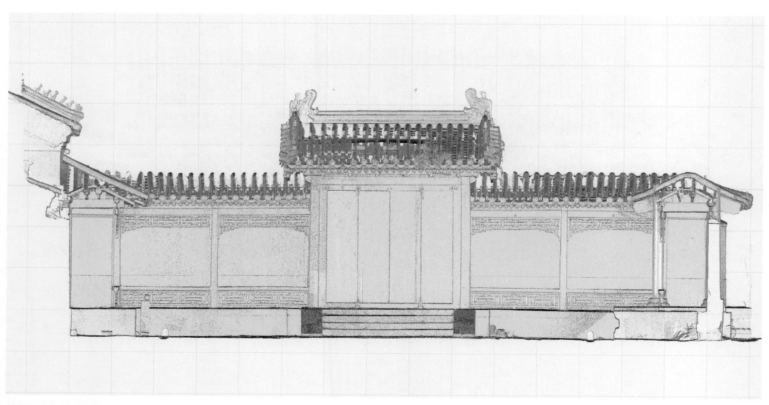

景福门东立面点云图

景福门横剖面点云图

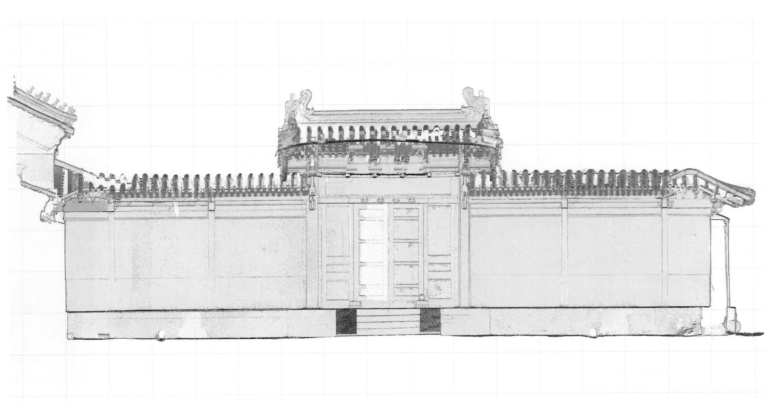

景福门纵剖面点云图

景福宫正殿南立面正射影像图

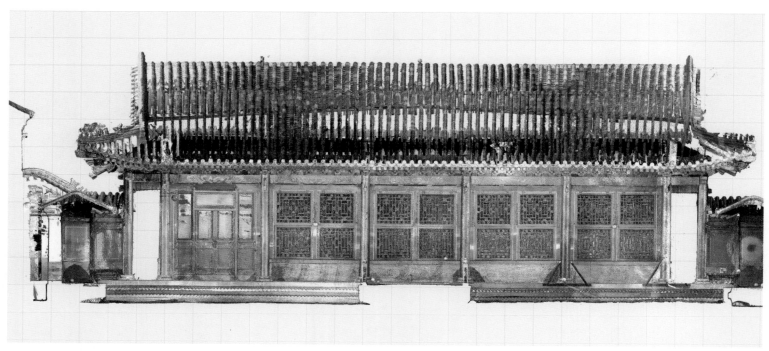

景福宫正殿北立面正射影像图

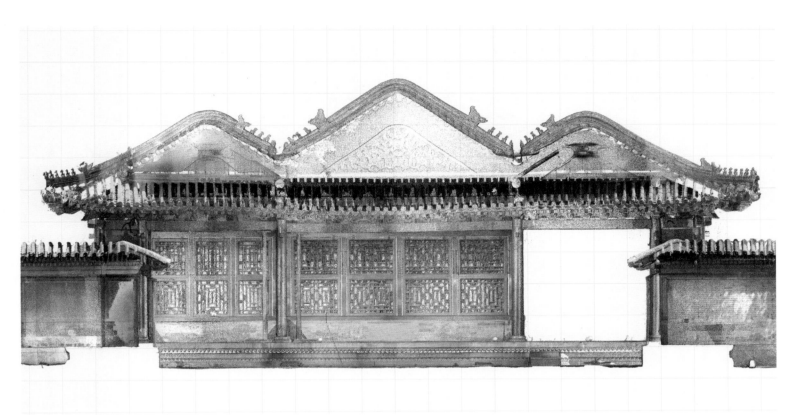

景福宫正殿西立面正射影像图

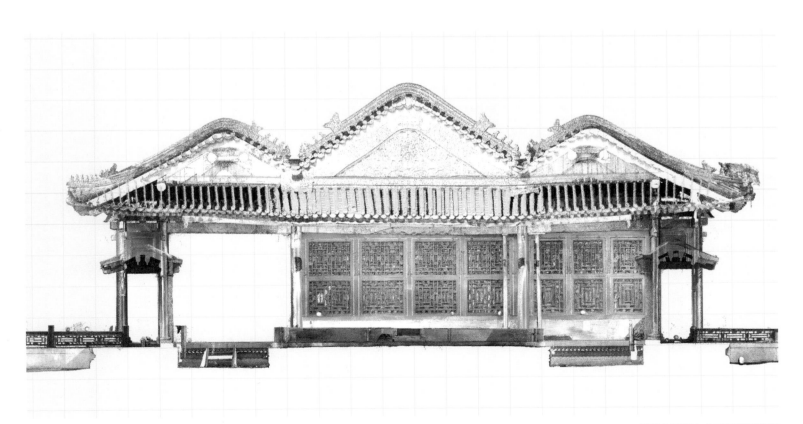

景福宫正殿东立面正射影像图

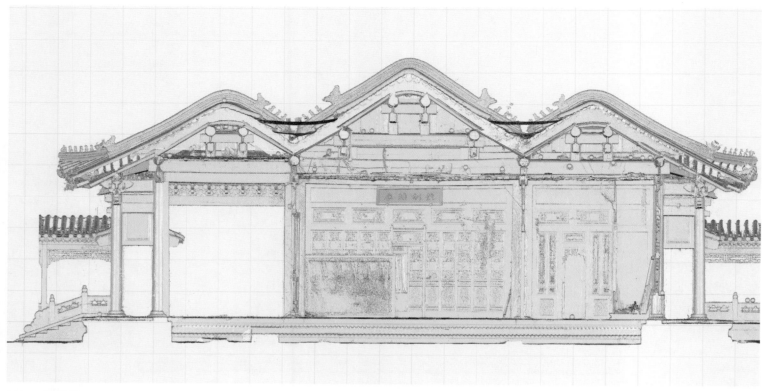

景福宫正殿明间剖面点云图

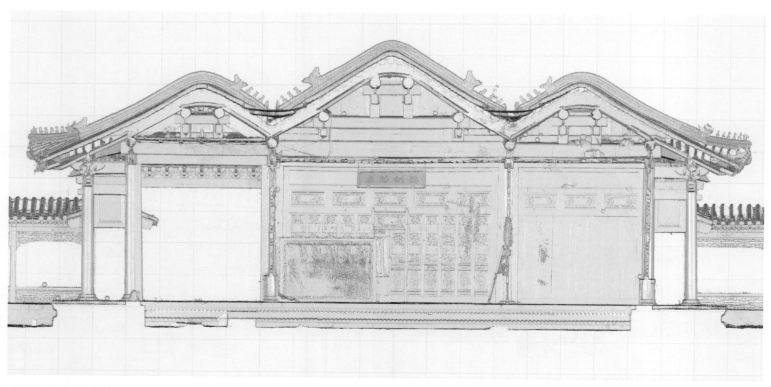

景福宫正殿次间剖面点云图

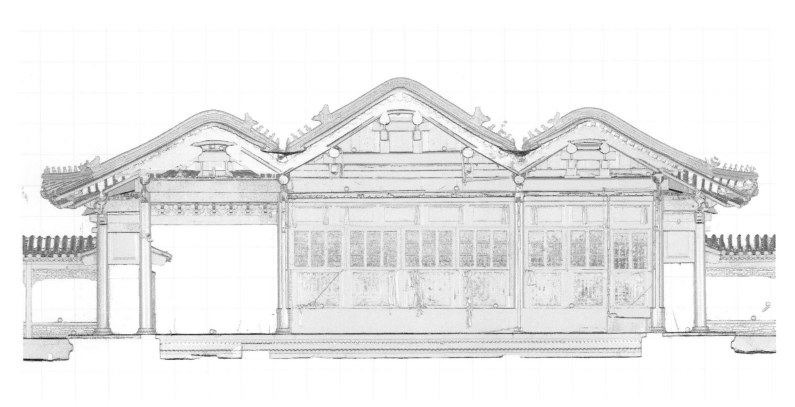

景福宫正殿稍间剖面点云图

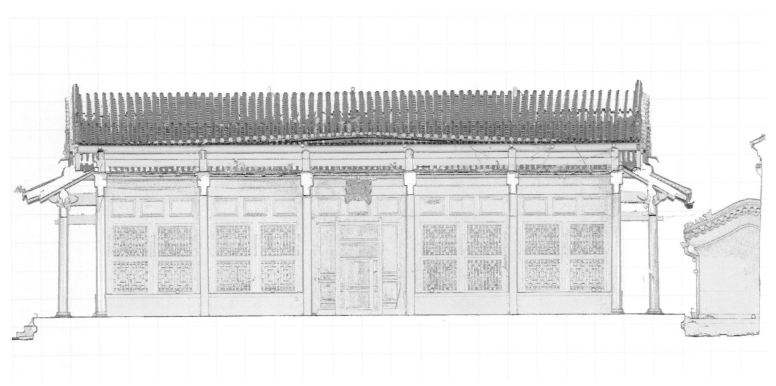

景福宫正殿纵剖面点云图

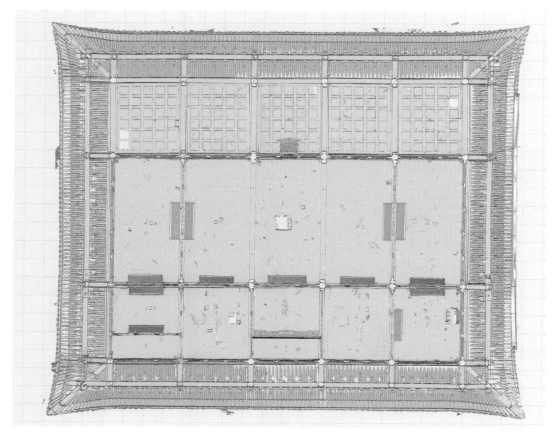

景福宫正殿天花仰视点云图

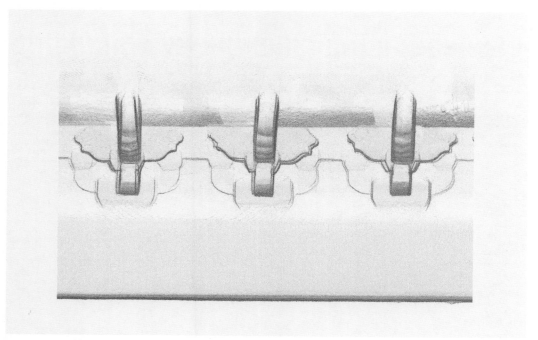

景福宫正殿斗栱正立面点云切片

景福宫正殿内檐装修点云切片1

景福宫正殿内檐装修点云切片2

景福宫正殿垂带栏板望柱点云切片

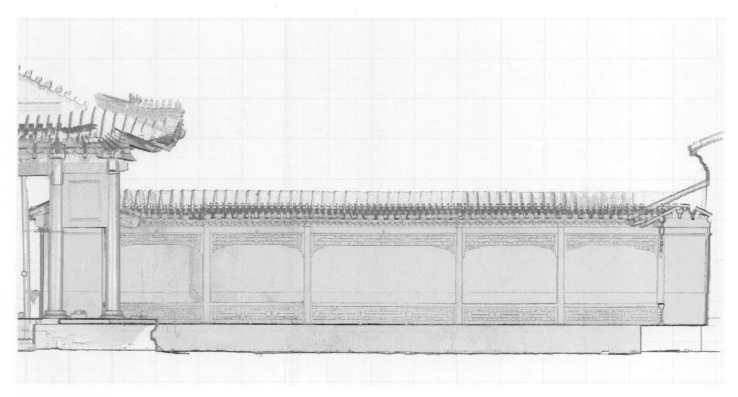

东游廊西立面点云图

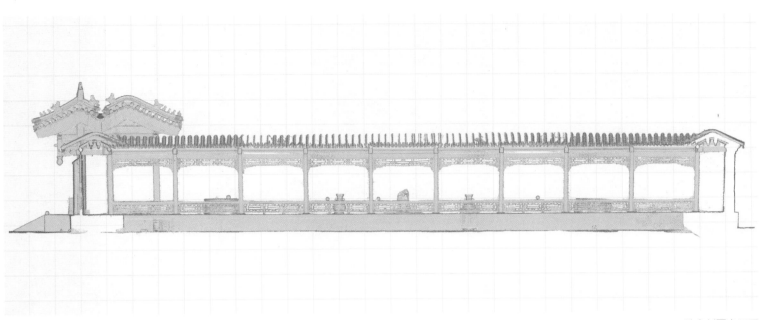

游廊剖面点云图

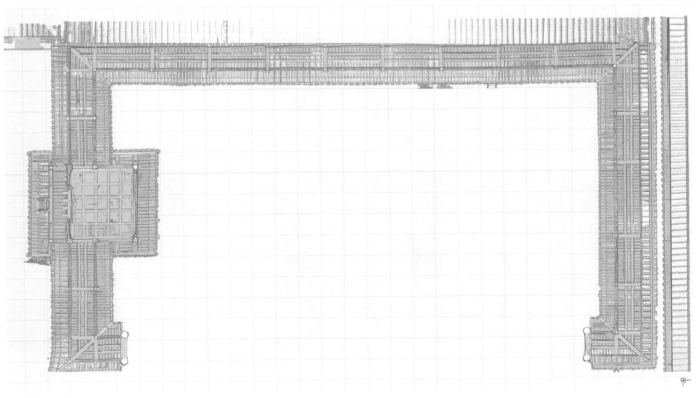

游廊梁架仰视点云图

故宫古建筑图说·景福宫

图版篇

景福宫正殿

佛日楼　梵华楼

景福宫正殿西侧院落北向（李珂摄）

景福宫正殿西侧院落西向（李珂摄）

景福宫正殿西侧院落南向（李珂摄）

景福门西侧院落南向（李珂摄）

文峰石：景福门前（李珂摄）

景福宫正殿南侧院落西向（李珂摄）

景福宫正殿南侧院落东向（李珂摄）

景福宫正殿南侧院落南向（李珂摄）

景福宫正殿北侧外景（李东遥摄）

景福宫正殿西侧外景（李珂摄）

景福宫正殿南侧外景（李珂摄）

景福宫正殿前卷内景（李珂摄）

景福宫正殿后檐廊下内景（李珂摄）

景福宫正殿西侧廊下内景（李珂摄）

景福宫正殿东侧廊下内景（李珂摄）

脊檩

脊垫板

脊枋

月梁

四架梁

上金檩

上金垫板

上金枋

瓜柱

垫板框

梁间垫板

六架梁

景福宫正殿中卷明间东缝梁架（李东遥摄）

景福宫正殿中卷明间南脊檩彩画（李东遥摄）

上金檩

上金垫板

四架梁

山花板

上金枋

承椽枋

下金檩

六架梁

下金垫板

景福宫正殿中卷东稍间歇山梁架（李东遥摄）

脊檁

月梁

脊垫板

四架梁

脊枋

景福宫正殿前卷东次间梁架（李珂摄）

脊檁

脊垫板

脊枋

月梁

下金檁

四架梁

下金垫板

下金枋

景福宫正殿后卷东次间梁架（李珂摄）

景福宫正殿须弥座台基（李珂摄）

景福宫正殿柱础(肖芳芳、李珂摄)

景福宫正殿前檐栏板踏跺（李珂摄）

景福宫正殿后檐栏板望柱（李珂摄）

景福宫正殿屋顶（李珂摄）

景福宫正殿屋顶天沟（李珂摄）

景福宫正殿屋顶天沟（李珂摄）

饕兽　　　　　　　　垂兽　　　　　　　　仙人骑鸡

龙　　　　　　　　　凤　　　　　　　　　狮

龙　　　　　　　　　凤　　　　　　　　　狮

景福宫正殿脊兽（肖芳芳、李珂摄）

景福宫正殿勾头滴水（李东遥、肖芳芳、徐丹摄）

景福宫正殿前卷天花仰视（李珂摄）

景福宫天花彩画（李珂摄）

景福宫正殿"景福宫"额（李珂摄）

景福宫正殿前卷四架梁及随梁彩画（王凤莹摄）

景福门西侧外景（李珂摄）

景福门东侧外景（李珂摄）

景福门天花（李珂摄）

景福门屋顶（李珂摄）

景福门屋顶天沟（李东遥摄）

东值房外观（王齐摄）

东值房西侧外景（王齐摄）

东值房内景（李珂摄）

南游廊东段（李珂摄）

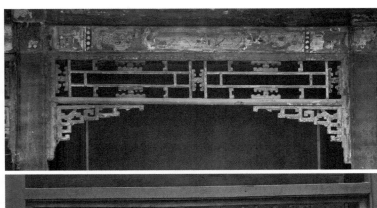

游廊倒挂楣子、坐凳（李珂摄）

游廊内景（李珂摄）

游廊梁架仰视（李珂摄）

南游廊西段（李珂摄）

附录

一、测绘参与人员名单

故宫博物院

赵鹏、庄立新、狄雅静

天津大学

指导老师：吴葱、白成军、张凤梧、何蓓洁

三维扫描：张志强、李小燕、张珊、张志永、王硕、张建新、吕文远

建筑测绘：李东遥、王齐、徐丹、肖芳芳、郭奥林（建筑历史与理论方向2014级硕士研究生）

　　　　　费亚普、王凤莹（建筑历史与理论方向2015级硕士研究生）

　　　　　闫振强、谢海、栗鹤杰（建筑学专业2010级本科生）

内檐装修测绘：荣幸（建筑历史与理论方向2015级博士研究生）

　　　　　　　程蓉、郭佳琦、李敏睿、冯雨萌（建筑学专业2013级本科生）

渲染：武梦媛（艺术设计专业2015级硕士研究生）

摄影：李珂（天津大学建筑设计规划研究总院有限公司）

勘察：刘畅、刘瑜（天津大学建筑设计规划研究总院有限公司）

图纸排版及校改：曹睿原（建筑历史与理论专业2017级博士研究生）

二、图纸目录

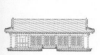

后 记

　　天津大学参与故宫古建筑测绘的历史可追溯至1941年，天津工商学院建筑系（今天津大学建筑学院前身）教授张镈先生组织师生对北京中轴线古建筑展开测绘。新中国成立后，在故宫古建部主任单士元先生、于倬云先生、傅连兴先生等的支持下，天津大学师生曾测绘了故宫宁寿宫花园、慈宁宫花园和御花园等。新世纪以来，故宫博物院与天津大学签署院校战略合作协议，开启了双方合作的新篇章。自2013年起，在时任故宫博物院院长单霁翔先生、副院长晋宏逵先生、古建部主任石志敏先生和方遒先生的鼎力支持下，天津大学王其亨教授带领建筑历史与理论研究所承担了故宫大高玄殿、景福宫、养心殿等建筑群的测绘项目，并在明清建筑史料长编、样式雷图档、故宫建筑史学史研究等多个专项任务中通力合作，取得了丰硕成果。

　　本书所呈现的便是2015年至2016年双方合作开展的故宫景福宫测绘勘察的成果。在现场测绘开始前，故宫古建部提出了详细的测绘需求，经过双方的充分沟通与商讨，于2015年4月确定了最终的测绘技术方案，5月11日起进场实施测绘，历经1月余的时间完成了全部建筑的三维扫描和手工测量。6月20日开始内业绘图及成果制作，2016年6月提交全部成果，8月完成了验收。

　　本书以测绘图为主要内容，精选了三维激光扫描渲染图、测绘图、模型表现图、正射影像等，共计123张，首次详细展现了本次测绘获得的一手数据。与图并行的"研究篇"共分四章，由参与测绘的师生和工程师分别执笔。第一章概述景福宫历史沿革及建筑形制现状；第二章、第三章详细阐述了本次测绘采用的技术方法和流程，以说明图纸数据来源，使数据测量可重复、可检验；第四章介绍了景福宫建筑保存状况与病害成因的调查结果等。此外，按照天津大学古建筑测绘传统，项目组以编年体的形式系统梳理了景福宫相关档案文献，也一并出版。希望这本测绘成果能够在方法和内容上为中国古建筑遗产的调查和记录贡献一份力量。

　　在本项目开展及本书出版期间，我们得到了诸位同人襄助，在此表示深深的谢意。特别感谢中国文化遗产院查群女士、故宫博物院王时伟先生、黄占均女士、李越女士拨冗审阅了景福宫测绘成果；故宫博物院狄雅静女士拟定了详细的景福宫测绘需求，并提供了景福宫室外陈设的正摄影像。感谢天津大学出版社韩振平先生、郭颖女士促成了本书的出版，并在延宕数年的出版过程中给予了极大的耐心和辛勤付出。感谢天津大学长久以来对文化遗产保护工作的重视，将本书纳入"天津大学社会科学文库"，并提供出版资助。

　　最后，作为一名高校教师，我还要由衷地感谢故宫博物院，感谢本书的合作者故宫古建部副主任赵鹏先生，为天津大学学子提供了直接参与国家文化遗产保护事业的难得机会。当年参与景福宫测绘项目的同学们如今都已进入不同的工作岗位，有的正全力投入在建筑遗产保护的第一线。在文化遗产的保护与传承中，我们深知人才的重要性，我们期望为故宫建筑遗产乃至中国建筑遗产的保护事业贡献源源不断的"天大"力量。

何蓓洁

2022年11月5日